中梨1号(李秀根摄)

早 魁(王迎涛摄)

华 金(方成泉摄)

七月酥(李秀根摄)

黄 冠(王迎涛摄)

冀 蜜(王迎涛摄)

红香酥(李秀根摄)

锦 丰(林盛华摄)

硕 丰(张西民提供)

鸭 梨(王迎涛摄)

新 苹(李俊才摄)

大慈梨(冯美琦摄)

金花4号(方成泉摄)

翠 冠(施泽彬摄)

翠 冠(胡征龄摄)

鄂梨 2 号(秦仲麒摄)

鄂梨 2 号(秦仲麒摄)

西子绿(曹玉芬摄)

华梨 2 号(周绂摄)

丰　水(方成泉摄)

丰　水(方成泉摄)

幸 水(王迎涛摄)

华梨1号(周绂摄)

新 水(王迎涛摄)

黄 金(王迎涛摄)

新 高(王迎涛摄)

新 高(王迎涛摄)

金二十世纪(王迎涛摄)

爱宕(林盛华摄)

南 果(方成泉摄)

晚 香(尹金凤摄)

寒 红(张茂君摄)

锦 香(方成泉摄)

巴 梨(郭黄萍摄)

红巴梨(方成泉摄)

红巴梨(李俊才摄)

果树良种引种丛书

梨树良种引种指导

LISHU
LIANGZHONG YINZHONG ZHIDAO

主 编

方成泉 王迎涛

编著者

方成泉 王迎涛 林盛华
李 勇 李 晓 姜淑苓
韩彦肖 李连文

金盾出版社

内容提要

本书由中国农业科学院果树研究所方成泉研究员等编著。书中在介绍良种引种在梨树生产中的重要性、梨树良种标准及良种苗木的鉴定、梨树良种引种的原则和引种方法的基础上,介绍了脆肉梨、软肉梨和砧木共计58个品种的优良性状和供种单位。内容丰富实用,语言通俗简练。适于果树科技工作者、广大果农和农业院校有关专业师生阅读参考。

图书在版编目(CIP)数据

梨树良种引种指导/方成泉,王迎涛主编.—北京:金盾出版社,2005.6

(果树良种引种丛书)

ISBN 7-5082-3561-4

Ⅰ.梨… Ⅱ.①方…②王… Ⅲ.梨-引种 Ⅳ.S661.222

中国版本图书馆 CIP 数据核字(2005)第 025358 号

金盾出版社出版、总发行
北京太平路5号(地铁万寿路站往南)
邮政编码:100036　电话:68214039　66882412
传真:68276683　电挂:0234
彩色印刷:北京百花彩印有限公司
黑白印刷:鑫鑫科达印刷有限公司
各地新华书店经销
开本:850×1168 1/32　印张:4.625　彩页:12　字数:102千字
2005年6月第1版第1次印刷
印数:1—12000册　定价:7.00元
(凡购买金盾出版社的图书,如有缺页、
倒页、脱页者,本社发行部负责调换)

果树良种引种丛书编辑委员会

主 任
沈兆敏　刘凤之

委 员
赵改荣　张志善　潘东明

序　言

我国是世界第一果品生产大国，2002年果树栽培面积和果品总产量分别达到909.8万公顷和6 952万吨。然而，果品质量却不尽如人意，优果率低和品种结构不合理的问题较为突出。在国际果品贸易中，我国果品占有率仅为1%左右。因此，优化品种结构、提高果品质量和发展国际果品市场急需的名优新品种，已成为我国当前果业生产的主攻目标。

生产优质高档果品的前提，是引种栽培优良品种和采用无病虫的合格苗木，同时全面推广良种、良砧配套与先进的无公害栽培管理技术。前者是基础，后者是保障，二者缺一不可。为此，金盾出版社策划出版"果树良种引种丛书"，邀请中国农业科学院果树研究所、中国农业科学院柑橘研究所、中国农业科学院郑州果树研究所、中国科学院植物研究所、山西省农业科学院、广东省农业科学院和福建农林大学等单位长期从事果树育种和良种推广工作的果树专家，分15分册，介绍了25种果树优良品种的来源、特征特性、生产性能、引种范围、引种原则和方法及主要栽培技术要点。所推介品种优新，有市场前景，并提供了信誉高的供苗单位信息和实用引种技术等。为了便于广大果农引种和避免上当受骗,"丛书"还对各种果树良种苗木的标准做了介绍。"丛书"内容新颖,图片逼真,文字简练,可操作性强,便于学习和使用。

我相信这套"丛书"的出版发行,将在推广优良品种和提高我国无公害果品质量的进程中,发挥积极作用,为提高我国果业生产效益,帮助广大果农致富达"小康",做出贡献。

2003年8月

前 言

梨原产我国,是我国三大重要果树之一。我国梨收获面积、产量均居世界首位,据 FAO 统计,2004 年我国梨收获面积、产量分别占世界的 68.74% 与 56.51%。另据农业部统计,2003 年我国梨栽培面积、产量仅次于苹果和柑橘,分别占全国水果的 11.25% 与 12.98%。

改革开放以来,我国梨生产迅猛发展,1993~2003 年,其栽培面积、产量分别增长了 77.72% 与 304.57%,但也出现果品总体质量较差、效益较低等问题。具体表现在果品大小不一,优质果品率低,高档果品比例趋小,果品积压滞销,卖果难、销售价格偏低等等。究其原因,除现行栽培管理技术传统、陈旧之外,品种结构不尽合理、品种单一老化、熟期过于集中也是问题所在;产后果品商品化处理和果品贮藏能力不足、加工品种稀少则使上述问题更加严峻。欲改变上述状况,使我国梨生产持续、有序发展,当务之急是要搞好品种结构调整,改善果品品质,提高经济效益。而选用优良品种,按照无公害果品生产技术规程,改变传统、陈旧的栽培管理措施,实行科学、合理的无公害优质栽培技术则是改善果品品质、提高经济效益的根本途径。

为使广大果农早日实现高产、高效益,我们组织国内有关专家编写了《梨树良种引种指导》一书,详细介绍了我国原有或建国后特别是改革开放之后选育的良种的品种来历、品种特征特性(果实主要经济性状、植物学特征、生物学特性)、适栽地区及品种适应性、栽培技术要点及注意事项、供种单位。

本书主要根据当前梨果消费需求和生产发展需要而编著,对此特作如下说明:

一是良种按品种种类、熟期排列,一些品种系多用途品种,可参阅其果实主要经济性状与适栽地区。

二是书中编写所用素材,大部分是培育单位选育人员多年调查观察、研究鉴定数据,少部分参考发表的学术论文。

三是书中良种果实特写、高产枝彩照均由培育单位选育人员提供;本书在编写过程中,得到黑龙江省农业科学院园艺分院尹金凤,吉林省农业科学院果树研究所张茂君、王强,辽宁省农业科学院果树科学研究所李俊木、王家珍,西北农林科技大学园艺学院果树研究所冯月秀,湖北省农业科学院果树茶叶蚕桑研究所秦仲麒、胡红菊,浙江省农业科学院园艺研究所施泽彬,华中农业大学园艺林学学院果树系彭抒昂,浙江大学农业与生物技术学院园艺系滕元文等同志的大力支持与帮助,在此一并谨表诚挚的谢意。

四是本书良种大多数通过省级以上农作物品种(林木良种)审定委员会审定或专家鉴定,或获省级以上科技成果奖,或取得植物新品种权,或已在生产上有较大面积栽培。

因时间仓促与水平有限,书中出现这样或那样的错误在所难免,敬请广大读者批评指正。

编著者
2005年1月

目录

第一章 良种引种在梨树生产中的重要性

第一节 梨树产销现状及发展趋势 …………………（1）
 一、梨果生产、贸易概况 ……………………………（1）
 二、我国梨树生产中存在的问题 ……………………（3）
 三、解决对策 …………………………………………（5）
第二节 梨树良种引种的意义和作用 …………………（7）

第二章 梨树良种标准及良种苗木的鉴定

第一节 梨树良种标准 ……………………………（10）
 一、鲜食品种 ………………………………………（11）
 二、适于制作梨干、梨脯等品种 …………………（12）
 三、加工用品种 ……………………………………（12）
 四、优良品种的其它特性 …………………………（13）
第二节 梨树良种苗木的鉴定 ……………………（14）
 一、砧木鉴定 ………………………………………（15）
 二、品种鉴定 ………………………………………（15）

三、种苗检验……………………………………………(17)
四、梨苗木质量标准……………………………………(20)

第三章　梨树良种引种的原则和引种方法

第一节　引种原则………………………………………(24)
　一、适生区域内的相互引种……………………………(25)
　二、以环境因素为依据引种……………………………(26)
第二节　引种方法及注意事项…………………………(29)
　一、引种方法……………………………………………(29)
　二、注意事项……………………………………………(31)

第四章　脆肉梨良种引种

第一节　白梨……………………………………………(34)
　一、早熟品种……………………………………………(34)
　　(一)早魁…………(34)　(五)中梨1号………(40)
　　(二)华酥…………(35)　(六)早美酥…………(41)
　　(三)华金…………(37)　(七)七月酥…………(43)
　　(四)早酥…………(38)　(八)金星……………(44)

　二、中熟品种……………………………………………(45)
　　(一)黄冠…………(45)　(三)硕丰……………(48)
　　(二)冀蜜…………(46)　(四)雪青……………(50)

　三、晚熟品种……………………………………………(51)
　　(一)锦丰…………(51)　(三)库尔勒香梨……(54)
　　(二)红香酥………(52)　(四)新梨6号………(55)

(五)晋蜜…………(57)　　(九)砀山酥梨…………(63)
(六)慈梨…………(58)　　(十)新苹…………(65)
(七)鸭梨…………(60)　　(十一)秦丰…………(67)
(八)雪花梨………(62)　　(十二)金花4号………(69)

 第二节　砂梨…………………………………………(70)
  一、早熟品种………………………………………(70)
  (一)翠冠…………(70)　　(四)鄂梨2号…………(74)
  (二)西子绿………(72)　　(五)金水酥…………(76)
  (三)鄂梨1号……(73)　　(六)华梨2号…………(77)

  二、中熟品种………………………………………(79)
  (一)丰水…………(79)　　(三)新水…………(82)
  (二)黄花…………(80)　　(四)幸水…………(83)

  三、晚熟品种………………………………………(84)
  (一)华梨1号……(84)　　(四)新高…………(89)
  (二)黄金…………(86)　　(五)水晶…………(91)
  (三)金二十世纪…(87)　　(六)爱宕…………(92)

第五章　软肉梨良种引种

 第一节　秋子梨…………………………………………(95)
  一、早熟品种………………………………………(95)
  大香水…………………………………………………(95)
  二、中熟品种………………………………………(96)
  (一)南果…………(96)　　(二)大南果…………(98)

(三)红南果……(99)

　三、晚熟品种…………………………………………(100)
　　(一)晚香 …(100)　(三)寒红 ………………(103)
　　(二)京白 …(102)　(四)大慈 ………………(104)

第二节　西洋梨………………………………………(106)
　一、早熟品种…………………………………………(106)
　　(一)伏茄 …(106)　(二)红茄 ………………(107)

　二、中熟品种…………………………………………(108)
　　(一)康佛伦斯 …(108)　(四)红考密斯 ……(113)
　　(二)巴梨 ………(110)　(五)八月红 ………(114)
　　(三)红巴梨 ……(111)　(六)锦香 …………(115)

　三、晚熟品种…………………………………………(117)
　　红安久………………………………………………(117)

第六章　砧木良种引种

矮化中间砧——中矮1号……………………………(119)
附录　主要供种单位通讯地址………………………(121)

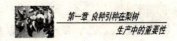

第一章　良种引种在梨树生产中的重要性

第一节　梨树产销现状及发展趋势

梨树是重要的落叶果树之一,世界上有 76 个国家栽培梨树,年产梨果 160 多亿千克。从所栽培的梨属植物种类可分为两大类:即产于欧洲、北美洲、南美洲、非洲、大洋洲的西方梨(西洋梨、软肉梨)和产于中国、日本、韩国的东方梨(亚洲梨、脆肉梨)。前者属于 *Pyrus communis* L.,后者主要包括 *P. pyrifolia* Nakai(砂梨)、*P. bretschneideri* Rehd(白梨)和 *P. ussuriensis* Maxim(秋子梨)3 种。我国是梨的重要原产地,资源非常丰富,在全世界梨属植物的 35 个种中,有 13 个种原产于我国。现在生产上广泛应用的 4 个栽培种——秋子梨、白梨、砂梨、西洋梨,除西洋梨外均原产于我国。

与其它树种相比,梨树具有适应性强、结果较早、产量高、经济寿命长、易栽培、好管理等特性,在我国分布很广,全国各地几乎都有梨树的栽培。

一、梨果生产、贸易概况

(一)生产概况

1999 年和 2000 年世界梨树栽培面积分别为 1 572.7 千公顷和 1 557.1 千公顷,其中我国为 985.5 千公顷和 953.8 千公顷,分别占世界梨树栽培面积的 62.7% 和 61.3%;1999 和 2000 年世界梨果产量和中国梨果产量分别为 15 520 千吨、16 460 千吨和 7 860 千

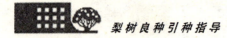

吨、8 618千吨。就梨果产量的增加速度看,2000年世界梨果产量分别比1990年和1980年提高了67.3%和92.3%,而我国梨果产量2000年分别是1990年和1980年的2.94倍和5.33倍。

在76个产梨国中,除中国、日本、韩国、朝鲜、印度外,其它国家均以栽培西洋梨为主。就产量而言,年生产量在200千吨以上的国家有12个——中国、美国、意大利、西班牙、阿根廷、德国、日本、南非、土耳其、智利、法国、韩国,其中西洋梨主产国为美国、意大利、西班牙、德国、阿根廷、土耳其、智利、南非和法国;亚洲梨的主产国主要是中国,其次为日本和韩国。从全世界脆肉型梨和软肉型梨(或称亚洲梨和西洋梨)的产量来看,亚洲梨主产国中、日、韩3国1999~2000年的梨果平均年产量为8 918千吨,占同期世界梨果总产量(15 993千吨)的55.8%,其中我国(8 239千吨)占世界的51.5%,超过了世界西洋梨的总产量。由此可见,我国是世界第一梨果生产大国。而从单位面积产量看,2000年世界平均每公顷产梨果10.69吨,以美国产量最高(33.9吨),其它单产较高的国家有比利时(32吨)、瑞士(31.4吨)等国家,我国仅为9.03吨,低于世界平均水平,尚有很大的生产潜力有待挖掘。就栽培品种而言,欧美各国栽培的西洋梨,主栽品种以巴梨为主,另有鲍斯克、拉富朗斯、安久等;我国及日本、韩国则以栽培亚洲梨为主,主要种类有白梨、砂梨、新疆梨和秋子梨等。其中,我国以鸭梨、雪花梨(主产于河北省,占全国梨果总产量的30%以上)、砀山酥梨(主产于安徽省等地,占全国梨总产量的34%)及黄花(主产于长江流域及其以南地区)等品种为主;日本以二十世纪、丰水、幸水为主;韩国则以新高(日本品种)为主。

(二)贸易状况

世界梨果的国际贸易近10年来增长近1倍,并已相对稳定,总量达160万吨,占年产量的10%左右。出口量名列前10位的国家有阿根廷(28.68万吨)、荷兰(17.48万吨)、比利时(16.8万吨)、美国(16.14万吨)、智利(15.64万吨)、意大利(13.8万吨)、中国(12.59万吨)、西班牙(12.08万吨)、南非(11.35万吨)、法国(5.57万吨)。主要进口国家有美国、德国、意大利、荷兰、墨西哥、加拿大、新加坡、泰国、印度尼西亚、菲律宾及我国的香港、澳门等地区。欧美各国均以进口西洋梨为主,很少进口亚洲梨;而新加坡、泰国、印度尼西亚、菲律宾等东南亚国家主要进口亚洲梨。我国2000年的梨果进口量仅为0.6万吨。

从出口价格看,世界平均价格为621.1美元/吨,而我国出口价格1999年为250美元/吨,仅为世界平均出口价格的40.3%,这也说明我国的梨果生产在配套技术的推广普及、产后商品化处理及无公害生产等方面有待尽快提高和完善。可喜的是近年来欧、美国家对我国梨果的需求不只限于华人圈内,已逐步为不同消费群体所接受,近几年河北省的鸭梨、黄冠打入英、美及澳大利亚等国即是很好的佐证。

二、我国梨树生产中存在的问题

20世纪90年代以来,我国梨树的栽培面积迅速扩大,产量也大幅度提高。据统计,全国梨果人均占有量为6.2千克,是日本梨果人均占有量(3.3千克)的近1倍。由于我国是发展中国家,消费水平低,水果消费量相对小,然而总产量和人均占有量却很高,这说明生产量超过了市场容量。而从市场格局看,已由原来的卖方市场转变为买方市场,局部产区已呈相对过剩态势,售价大幅度下跌,积压滞销现象日趋严重,有些地方甚至出现了冷库空置、刨树或梨园弃采等现象。究其原因主要有以下几方面:

(一)品种结构不合理

目前,我国梨果产区的品种结构不同程度上存在着不合理性,

直接影响了在国际市场的占有份额。主要表现在晚熟品种偏多，砀山酥梨、鸭梨、雪花梨、黄花四大主栽品种占全国梨果总产量的近80%，均为晚熟品种，9～10月份集中上市，增加了市场压力，以致竞争激烈。由于未能形成一致对外的良好市场格局，甚至竞相降价，梨果售价一路下滑，不利于农民增收和品牌的创建与维护。从四大主栽晚熟品种的综合性状看，砀山酥梨以其酥脆可口的肉质、汁多香甜的风味，于国内市场人气鼎盛，栽培面积扩展迅速，产量大幅度增加；但由于其外观品质稍有欠缺——果面具棱沟，果心较大、可食率低、石细胞多，不易为习惯于西洋梨的欧美等国的消费者所接受，同时也难以在东南亚形成大的消费市场。黄花在长江流域及其以南地区发展很快，目前已占到全国梨果总产量的近12%，因其外观品质欠佳——果形不美、果皮褐色，至今出口销路还未打开，今后恐怕也难以在国际市场崭露头角。雪花梨因果肉较粗、石细胞较多，很难适应国际市场的要求。鸭梨的产量约占全国总产量的20%，是我国传统的创汇名牌产品，以其独特的外观——鸭头突起(一般称鸭突)和细嫩酥脆的肉质、酸甜适口的风味，于国内外市场久负盛名；然而由于近年来管理粗放等原因，致使风味变淡、市场低迷、售价跌落。

另外，近年来我国发展的洋品种(日本、韩国品种为主)的热潮方兴未艾，新世纪、新水、黄金、大果水晶等新品种接踵而至，令广大果农无所适从。但日、韩品种不同程度地存在耐贮性差、货架寿命短，或成枝能力弱、树势易早衰、对肥水管理要求较高等问题，同时任何一个品种都有其最适的生态区域，切不可全国性地对某一品种不适当地大规模发展，要总结吸取前些年出现的种植山楂热、银杏热等失败的严重教训。

(二)管理问题

盲目追求产量而忽视质量、粗放管理是我国梨果生产中普遍

存在的问题,主要表现在:

1. 树体郁闭 多年放任、未能及时"落头开心",树体过高,影响树冠内光照,致使树冠内膛所结果实果个变小、着色不良、风味偏淡。主枝量过大(有的盛果期树主枝数高达 15~16 个),是造成树冠郁闭、结果部位外移及果实品质下降的主要原因。

2. 氮肥过量 有机肥施用偏少,个别梨园甚至根本不施用有机肥,为追求产量不得不大量施用无机肥,其中尤以施速效氮肥为多,不利于果实品质的提高——降低可溶性固形物含量,使风味变淡及影响果实的耐贮性,并可造成枝梢徒长,影响果实的正常发育和花芽分化。

3. 夏剪不力 对树冠外围新梢及各主枝背上的徒长枝,不能及时施以抹芽、摘心等项技术措施,以致影响树冠的通风透光,进而造成树冠郁闭、果实品质下降。

4. 授粉不佳 许多梨园不进行人工辅助授粉,影响坐果率或不能保证低序位的边壮花坐果,致使果形不端正,如鸭梨鸭突不明显,黄冠梨果形偏长、猪嘴明显等。疏花疏果工作不到位,也是果个偏小、果形不标准的重要原因。

5. 套袋不良 套袋普及率较低,不能很好地提高和改善外观品质;同时果袋质量良莠不齐,也是制约品质提高的重要因素。

6. 采收过早 为提前抢占市场,各梨产区均存在采青现象,过早采收,其品质、风味与标准相去甚远,对品种、品牌产生了不可挽回的负面影响。

另外,农药使用不规范,一些不适于无公害果品生产的高毒、高残留药剂仍在使用,也是一个十分突出的问题。

三、解决对策

我国加入 WTO 后,梨果市场的竞争将日趋激烈。"洋果品"的进入不可避免,而减少外来商品梨果冲击的最根本办法就是找出

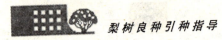

自身存在的问题并及时解决,只有如此,才能使自产梨果在国内市场占据绝对份额的同时,向国际市场延伸、扩展,以达到生存与发展并举的目的。

(一)调整品种结构

依据各品种的适宜栽培区域及现有面积、产量等具体情况,科学规划、合理布局。对砀山酥梨、黄花、雪花梨、鸭梨等品种,应适度限制发展;生产中可对未结果树或树龄较小的结果期树采取高接换头的方法进行品种改良。我国自行育出的优良新品种,由于适应性强,应首先考虑。要由科研院所(校)联合攻关,研究各优良品种在各适栽地区的生长结果习性,总结、完善其主要配套栽培技术,以便真正做到良种良法。而对洋品种,需在充分研究其相关特征特性、适应性并探索其配套栽培技术,掌握其市场需求的基础上,方可适度发展。

(二)发扬传统,增质创优

对鸭广梨、安梨、南果梨、库尔勒香梨等传统优良品种应予以保留和发扬,不可因当前的市场低迷而刨树或弃采。如鸭梨价格下跌的真正原因是管理粗放,只要对广大梨农进行技术培训,使之增强市场意识和品牌观念,通过合理修剪、增施有机肥、平衡施肥、人工授粉、疏花疏果、果实套袋、适时采收等项技术措施,提高果实品质,即能重振昔日雄风。

(三)加强产后商品化处理

提高果品的商品质量是增强市场竞争能力的必要手段,同时也是提高果品附加值的重要途径。首先应在清洗、杀菌的基础上严格选果;尽量避免用"手掂眼瞪"的传统选果方法,要推行机械选果,提高果品的整齐度,便于以质论价、打造品牌。包装方面要根

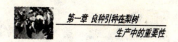

据不同的国度和消费群体设计多种包装,丰富产品的多样性,以满足国际市场的多元化需求。另外,还可设计一些小型化、精品化、个性化的礼品用包装,以满足不同消费者馈赠亲朋所需高质量、精包装果品的需求。

(四)走产业化、标准化之路

可采取公司建基地、公司加农户的形式,由大型农贸公司或集团建立规模化、高标准、产中和产后等诸项技术到位的出口基地,以尽快树立品牌,占领市场。对我国现行的以家庭为生产单位的小生产,可参照日本"果协"的方式,对农户进行技术指导,或由果品经销商、技术部门组成利益共享的生产、营销网络,对梨农统一培训、统一管理,统一收购产品;也可以采取以科研院所为技术依托,由梨农组成营销站,挂靠于大型农贸公司之下等形式,将分散的农户组织起来,以充分解决大市场与小生产的矛盾,避免多头对外、竞相压价等不良现象的发生,以达到维护市场信誉、提高经济收益的目的。

(五)发展无公害果品

做好土壤、环境治理,推广果实套袋技术,使用低毒、低残留农药及生物药剂。加强无公害果品生产的必要性和优越性的宣传工作,普及生产无公害果品的相关知识,使广大果农自觉地杜绝使用高毒、高残留农药,并增加有机肥的投入等。只有如此,才有可能使我们的梨果冲破一些发达国家在果品贸易中的绿色壁垒,顺利地走出国门。

第二节 梨树良种引种的意义和作用

果树学对引种的定义为果树树种和品种在自然界中都有其一

定的分布范围,把果树品种从原有分布范围引入新的地区进行栽培种植即为引种。引种除由原分布范围引种到新的生态环境时,因两地自然条件差异较小或引种对象自身的适应性强,而能在新的环境中正常生长结果——简单引种外,还包括由于新旧两种生态环境相差悬殊或引种对象自身的适应性较差等原因,需经人工特殊的培养措施和选择之后,方可于新环境中正常生长——驯化引种。果树生产实践中使用最为广泛的是简单引种。

引种对果树生产的意义主要体现在以下3个方面:

第一,丰富品种资源,适地适栽。我国幅员辽阔,生态环境各异,果树资源丰富,各树种、品种的适生区域也相对丰富。进行品种引进可最大程度地丰富当地品种资源,并在进行品种区试的基础上,确定优良品种的最佳栽培区域,做到适种适栽,为提高品质、促进区域优势布局奠定基础。

第二,满足市场多元化需求。各种果树、品种的地理分布呈现不均匀性。就梨树生产而言,有的品种已出现地域性、季节性过剩;而且随着人民生活水平的不断提高,市场消费逐渐向多元化发展。科学的引种、管理即可充分满足消费者对不同树种、品种的多样化需求。加入WTO后,我们需面向国内和国际两个市场。为稳固国内市场、拓宽国际市场,梨树品种结构调整已势在必行。为减少国外梨果对国内梨果市场的冲击,必须以丰富多样的品种来满足国内的消费需求;同时辅以良种良法等项措施,提高品质,逐步拓宽并占领国际市场。只有如此才能促进我国梨果生产的可持续健康发展。

第三,引种深远的意义还体现为:①即使是目前于本地需加特殊的栽培措施方可开花结果或根本不能正常生长结果的良种,经若干年驯化后也有可能成为推动本地区经济发展的主栽良种。②可作为杂交育种的材料使用;从育种角度分析,之所以能够成为良种,除具有果实综合品质优良、能够直接应用于生产、经济效益

较高等优良特性外,在果实的单项性状(肉质、风味、果形、色泽等)、抗性(黑星病、黑斑病及抗旱、抗寒等)等方面也具有特异性状;选配杂交组合时可作为亲本使用。如中国农业科学院果树研究所以西洋梨品种巴梨为父本,秋子梨品种南果梨为母本育成了风味浓郁、品质优良的鲜食加工兼用新品种锦香;河北省农林科学院石家庄果树研究所以外观品质优良、抗黑星病能力较强的日本品种新世纪为父本,雪花梨为母本育成了兼具品质优、成熟早、高抗黑星病等优良特性的黄冠梨。

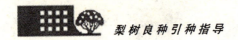
梨树良种引种指导

第二章 梨树良种标准及良种苗木的鉴定

果树生产要现代化,良种是极为重要的基础。我国梨树栽培历史悠久,据有关史料记载在4 000年以上。梨树栽培品种较多,主要有秋子梨、白梨、砂梨、西洋梨、新疆梨、川梨6个种,3 000多个品种,其中,生产上广为栽培的优良品种有100多个。

确定1个品种是否为良种,除品种本身的优良性状外,首先应综合考虑其是否适应当地的自然条件。软肉型西洋梨品种巴梨,在山东省胶东地区、辽宁省大连地区和黄河故道地区(豫北、皖北、苏北地区),生长结果良好,在这些地区,巴梨就是1个良种。但由于其不抗寒、抗病性较差等原因,在除上述地区以外的我国北方大部分地区,其生长结果不理想,不能获得应有的经济效益,严重时甚至整个树体死亡,对这部分地区来说,巴梨就不能称之为良种。其次,还应根据不同的地域、不同的消费习惯等综合因素来进行综合考虑。如由于东西方消费习惯的不同,欧美各国消费者喜欢风味偏酸的梨,而我国和东南亚各国,人们普遍喜欢风味偏甜的梨。因此,优良品种的概念,不是绝对的、永恒的,而只是相对的、暂时的。同时,优新品种正以极快的速度增添着,大约每10年就要更新一批品种。所以,对良种应有1个通用标准。只有这样,才有利于加速我国梨树栽培的良种化进程。

第一节 梨树良种标准

梨果除可供生(鲜)食外,还可加工制作糖水梨片罐头、梨汁、梨干、梨脯、梨膏,并可酿酒、制醋等。另外,我国人民还有煮梨(河

第二章 梨树良种标准及良种苗木的鉴定

南、山东)、烤梨、炒梨(江西)、冰糖炖梨等多种食用方法。一般栽培最多的是生(鲜)食品种,其次是适于制罐、制汁的品种,真正适于制作梨干、制醋、酿酒等的品种是很少的。

针对上述各种用途,对优良品种而言,就应有不同的要求和标准。除此之外,优良品种还应具备其它优良经济性状。

一、鲜食品种

应具有符合大多数消费者需求的外观性状及生(鲜)食口味。要求果品外观漂亮,果个不要太大或太小。大果形品种,单果重应在250克左右;中果形品种,单果重应在150克左右;小果形品种,单果重应在80~90克。形状端正,较为对称;果皮平滑,有光泽,主色泽绿、黄、褐、红均可,颜色鲜亮,无果锈或微有果锈,但果锈面积不应>2平方厘米;果点小而疏。内质要求肉质细,石细胞少,果肉松(酥)脆(白梨、砂梨等脆肉型梨)或柔软易溶于口(秋子梨、西洋梨等软肉型梨),汁液多,风味酸甜可口,具香气。果心小(果实横切面的果心直径应≤果实直径的1/3)。可溶性固形物含量应≥11%(早熟品种)、≥12.5%(中熟品种)、≥14%(晚熟品种);可滴定酸含量在0.2%~0.25%;糖酸比或固酸比应≥50。口感与单宁类物质的多少有密切关系,单宁多的果实涩味重,多不适于鲜食而用于加工。梨果早采,因淀粉含量高,风味差;单宁含量高,涩味重,而不受消费者欢迎。此外,果肉的香气浓淡也是决定优良品种的重要因素。

随着社会的逐渐进步、经济的持续发展与人们生活水平的不断提高,消费者对鲜食梨果的品质优劣的要求将越来越高。果品的品质已经成为衡量某一品种是否为良种的一个最重要指标。欧洲品质控制组织(EOQE,1976)确定品质的定义为:产品能满足一定需要特征特性的总和。即产品客观属性符合人们主观需要的程度。果实品质常包括果实外观(大小、形状、色泽、果皮、果点、蜡质

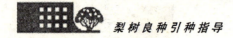

等)和内质(肉质、石细胞、硬度、汁液、风味、香气、品质、果心等)两大部分。品质优劣的评价常受到消费者传统习惯和个人喜好的影响,主观成分较多,这在外观品质的评价中显得特别明显。如在我国,消费者普遍喜欢外观红色艳丽或金黄、外表光洁漂亮的梨果。另外,随着时间的推移,饮食结构、习惯和消费习惯的改变,人们对果品品质的评价也会发生某些变化。过去,对果实大小来讲,消费者都喜欢果个大的梨果,总觉得果个越大越好,但如今,则要求果个适中,约250克;以往消费者不喜欢味酸的梨果,总喜欢味甜的品种,近些年,随着肉类、蛋类、奶类等食物摄入量不断增加,稍有酸味的梨果正受到越来越多消费者的青睐。因此,人们的嗜好、需求正在随着时代的变迁而呈现出多样化的发展趋势。

二、适于制作梨干、梨脯等品种

外观除基本要求果形端正和对称、果面平滑无凹凸外,别无它求。对内质则要求果肉肉质应紧密,在制作梨干、梨脯时,果肉形状完整而不变形,无粉裂或糜烂现象发生。此外,果肉还应具有较高的含酸量。

三、加工用品种

除制作糖水梨片罐头要求梨果外观果形端正和对称、果面平滑无凹凸外,对于其它用途的梨果,外观则无任何特殊要求。内质果肉均应柔软,汁液多,可溶性固形物含量和含酸量较高,具香气,出汁率高。此外,果实尽可能较耐贮藏,这样可延长加工期。如属西洋梨的巴梨、锦香与属秋子梨的南果等品种,均是制作糖水梨片罐头、制汁的良种;属秋子梨的安梨等品种是制汁的好原料。属白梨、砂梨的少部分品种,虽果肉系脆肉型,但果肉其它指标均具备上述加工的要求,这样也可作为加工的原料。秋子梨种类品种,除南果、京白、大香水、延边小香水、红南果等既可鲜食又可加工的良种外,大多数果实较小,石细胞较多,果肉粗砺多渣,生(鲜)食品质较差,又不耐藏,所以,常是制作果酱、果冻的优良品种。西洋梨品种,除少数几个既可鲜食又可加工的品种(如巴梨、锦香、五九香等)外,大多数品种只适于鲜食。

四、优良品种的其它特性

优良品种除上述果品外观、内质性状所具备的要求与标准外,以下特性也是必不可少的。

(一)适应性广

能适应多种土壤、自然气候条件,对当地特殊的生态环境条件没有严格的要求,可以充分发挥生态环境和品种的优势。能在更广泛的地区栽培,使其迅速形成优势产业。

(二)抗逆性强

1. 抗寒力强 在大果形梨栽培的北界,时有寒流侵袭,或温度剧变,轻者造成树体减产,严重时导致树体绝产。但抗寒性强的品种却安然无恙,如属白梨的苹果梨,尽管其外观品质不佳,果皮经轻微摩擦就变黑;对栽培管理要求较高,在沙滩地栽培,果实易发生木栓化斑点病,抗风、抗药力差,也易染腐烂病。但在大果形梨北界以北地区栽培,即可作为优良品种来发展。

2. 对各种不良的特殊自然生态环境耐性强 能适应各种不良的特殊自然生态环境条件,如抗风、抗盐碱、抗干旱、抗涝等能力强,在各灾害来临或突袭时,树体仍能正常生长、结果,以确保高产稳产,果品品质优良。

3. 抗病虫能力强 如对黑星病、褐斑病、黑斑病、锈病、腐烂病、梨大食心虫、梨小食心虫、桃小食心虫、毛虫等病虫害的抵抗能力强。既可使树体生长发育健壮,结果正常;又可以达到少打药、

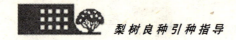

少投资,省工省事,减少农药对生态环境的污染,减少果品中农药的残留量,提高果品的品质。

(三)易于栽培

对修剪反应不敏感,对栽培管理要求不严,栽培容易。

(四)早果高产

要求成花容易,栽后第三年即可开花结果,并能连年高产、稳产,能以较少的投入获得较高的经济效益。

(五)耐贮运、货架期长

做到季产年销,贮运损耗少,货架期长,减少贮藏、销售过程中的损失,以得到果品经销商的欢迎。如西洋梨和秋子梨品种,虽然果实品质优良,很受消费者欢迎,但因其贮运性差,货架期短,使消费者购买量受到一定限制。

(六)适合市场需求

市场是千变万化的。对梨果的需求也是如此,起初要求果个大,着色不着色考虑不多;以后要求果个大,需要有着色。近年来,既要求果个适中,单果重在 200~300 克,以 250 克为佳,果皮最好为红色,外观艳丽,着色面越多越好,如外观红色艳丽的红茄以及近年从美国引进的红巴梨、红安久等软肉型西洋梨品种,都颇受消费者欢迎。

第二节 梨树良种苗木的鉴定

在良种苗木繁育过程中,为保证苗木不退化、不混杂、不染病,始终保持其优良种性,除需要建立严格的繁育体系及优良砧木繁

育圃、良种母本园、良种苗木繁育圃外,还要有严格的砧木、品种鉴定和种苗检验制度。

一、砧木鉴定

苗木由砧木与接穗品种两部分组成。砧木是苗木的基础,如果苗木砧木不纯或不适应当地的自然生态环境,即使是最好、最优良的接穗品种,该苗木也不是优良的苗木。北方地区气候寒冷,一般采用梨属中最抗寒的野生秋子梨(如山梨、花盖等)或综合抗性强的野生杜梨等种做砧木;南方地区气候高温多湿,一般采用综合抗性强的野生杜梨和抗高温、抗涝性强的野生砂梨、川梨、豆梨、褐梨、木梨等种做砧木。

砧木是否符合质量标准,均要对其确实的可靠性、纯度和质量进行鉴定。

二、品种鉴定

由良种苗木繁育圃培育的苗木是否符合质量标准,一是看品种是否确实、可靠,二是看其纯度高低,三要看其质量好坏。

(一)目　的

主要是确定梨品种的真实性、准确性、可靠性,其次是确定品种的纯度。每批苗木,一般要鉴别3次:第一次在苗木的生长期,第二次在苗木休眠之后,第三次在苗木出圃时的起苗期。

(二)方　法

一般是采取抽样检查法。首先应根据苗木数量,确定检查和取样的方法。然后根据原种母树的特征和预定的项目,对苗木检查区的样本苗木逐一进行检查,凡是样本苗木性状与原种母树相符合者,即可认为品种正确无误;其典型植株超过95%者,即可认

为达到纯度的要求标准。

抽样检查时,应分别按品种进行。一般是一个品种苗木超过0.33公顷的,应设两个检查区;超过0.66公顷的,可设3~4个检查区。在每个检查区内,再根据一定的取样方式进行取样。每一个检查区苗木数量不能太少,一般应在500~1000株。

取样方式可用对角线取样法,也可用依次取样法。前者是要在检查区的两对对应角确定两条对角线,然后在两条对角线上的交点、4个角距交点的中部分别选取5个样点,每点取样50~100株,对苗木进行检查;后者是在检查区内采用隔畦取样、隔行(相距一定行数)取样或隔株(相隔若干株)取样。无论采用哪种取样方式,原则上都必须随机取样,不能凭主观挑样,而且检查的苗数均不应少于检查区总苗数的30%。

(三)内 容

主要是苗木的植物学特征和品种的生物学特性。

1. 植物学特征

(1)枝条 长度、粗度、形态、色泽、质地、节间长短、茸毛、皮孔(形状、大小、色泽、疏密)、分枝状况及刺的着生等。

(2)芽 大小、形状、鳞片色泽和鳞片茸毛等。

(3)叶 大小、形状、色泽、形态、叶缘、刺芒、叶尖、叶基、茸毛、叶脉、叶片与枝的着生状态、叶柄和托叶等。

2. 生物学特性

(1)物候期 萌芽期、新梢停止生长期、秋梢生长期、秋梢停止生长期、落叶期、营养生长天数等。

(2)生长特性 萌芽率、成枝力、生长势等。

(3)结果习性 成花能力、成花部位、短枝比例等。

第二章 梨树良种标准及良种苗木的鉴定

三、种苗检验

(一)病虫害检疫

1. 检疫对象 植物检疫是遵循国家有关的植物检疫法及相关条例,运用强制手段和科学的方法,预防和阻止植物的危险性病害、虫害、杂草从国外传入或从国内传出以及国内从疫区传播到另一尚无该种危险性病害、虫害、杂草的地区。植物检疫是贯彻"预防为主,综合防治"植物保护方针的一项重要措施。

改革开放以来,从国外引进的植物种苗、种条、种子等种质资源,无论其种类和数量都在大幅度地增长。因此,为了防止检疫性病虫害的扩散与传播,良种苗木出圃前,必须由国家检疫机关对其进行严格的检验。凡属于有检疫性对象的苗木,必须及时就地销毁;非检疫性对象的病虫害,也必须控制在一定范围之内。只有病虫害轻微和无检疫性对象病虫害的苗木,经检验合格并发给检疫证书之后,方能出圃外销。

就梨树苗木而言,目前尚无进境植物检疫危险性病、虫、杂草名录,考虑到梨与苹果均为仁果类果树,危险性病、虫害、杂草既能危害苹果,又能危害梨,故可参照苹果的名录执行。根据中华人民共和国农业部(1992)农(检疫)第17号文,与苹果有关的进境植物检疫危险性病、虫、杂草主要种类名录如下:

(1)一类有害生物 共有3种,即梨火疫病、地中海实蝇、苹果蠹蛾。

(2)二类有害生物 共有4种,即按实蝇(包括南美按实蝇、墨西哥按实蝇、西印度按实蝇、加勒比按实蝇4种)、苹果实蝇、美国白蛾、日本金龟。

(3)三类有害生物 共有58种。其中害虫41种,即苹果绵蚜、桃大黑蚜、拟叶红蜡蚧、霍氏长盾蚧、樱桃圆盾蚧、苹果木虱、果树黄卷蛾、亚麻黄卷蛾、橘带卷蛾、红带卷蛾、荷兰石竹卷叶蛾、斜纹卷蛾、樱桃小卷蛾、李小卷蛾、苹浅褐卷蛾、苹髓尖蛾、黄毒蛾、合毒蛾、苹透翅蛾、李透翅蛾、秋星尺蠖、冬尺蠖、灰翅夜蛾、苹扁头吉丁、苹象甲、楹梓象甲、李象甲、苹芽象甲、南美叶甲、蔷薇鳃角金龟、欧洲鳃金龟、褐绒金龟、欧洲天牛、苹楔天牛、苹果小蠹、皱小蠹、美国牧草盲蝽、欧梨网蝽、按实蝇(南美按实蝇、墨西哥按实蝇、西印度按实蝇、加勒比按实蝇除外)、蜡实蝇(地中海实蝇除外)、梨带蓟马。真菌病害4种,即胶锈菌属病菌、美澳型核果褐腐病菌、苹果树炭疽病菌、柑橘疫病菌。细菌病害1种,即根癌土壤杆菌。线虫病害8种,即根结线虫、咖啡根腐线虫、卢斯根腐线虫、穿刺根腐线虫、伤残根腐线虫、长针线虫、毛刺线虫、剑线虫。病毒病害4种,即苹果病毒(侵染苹果的主要病毒)、番茄丛矮病毒、苹果斑纹类病毒、苹果丛生植原体。

除上述进境植物检疫危险性病、虫、杂草名录外,涉及到对国内梨的病虫害检疫对象,主要是依据1995年中华人民共和国农业部发布的32种全国植物检疫对象和部分省、市、自治区发布的63种补充植物检疫对象中涉及到梨的检疫对象。

此外,梨病虫害对国内检疫对象还包括梨病毒病害4种:即楹梓矮化病毒、梨脉黄病毒、苹果茎沟病毒、梨环纹花叶病毒。

2. 苗木产地检疫步骤

(1)田间调查 一般由植物检疫机构与苗圃或母本园的经营管理单位进行。分别在5~6月、7~9月、9~12月及苗木出圃前检疫对象及控制病害的症状比较明显时进行,一般调查2~4次。苗圃应在普查的基础上,采用随机抽样法对其苗木进行多点仔细查验,每点不少于50~100株。应根据检疫对象的形态特征、生活习性、危害情况和控制病害的症状、特点进行田间鉴别。当田间发现可疑应检病虫害时,应带回实验室做进一步鉴定。

(2)疫情处理 根据有关规定,苗圃一旦发现检疫对象或控病害,应在检疫人员的监督下,立即进行封锁,严禁接穗、苗木等材料外运,并迅速采取就地销毁或严格消毒后限制使用等措施。凡发现有检疫对象的苗圃,应立即停止育苗。另外,在苗木出圃前,应做最后一次严格检查,未发现检疫对象的苗木,由县级植物检疫机构签发梨苗木产地检疫合格证。凭梨苗木产地检疫合格证到当地植物检疫机构换发植物检疫证书。推荐应用的梨苗木产地检疫登记表见表2-1。

表2-1 梨苗木产地检疫登记表

品 种 名 称	数 量(株)	接穗来源	砧木种子来源	嫁接日期	
繁 育 单 位		省 市 县 乡 村 负责人			
生育期调查情况			出圃检疫情况		备注
调查日期	调查株数	发生病虫名	危害株数	检验日期	调查株数	发生病虫名	危害株数	
处理意见:								
					检疫员 (签名) 年 月 日			

(二)病毒检验

1. 检验步骤

(1)档案检查 在进行梨无病毒苗木抽样检测前,应检查其是否有无病毒苗木生产许可证和无病毒苗木准产数量证明,并要对其砧木、接穗的来源、数量,苗木的类型和数量逐一进行核查。

(2) 苗圃内检验 在生长期内，在苗圃内进行随机抽样检测。

(3) 出圃检验 苗木出圃时，应根据需要，从苗木总数中随机抽取一定比例的苗木进行病毒检验。

2. 抽样 病毒检测抽样数量：繁殖材料来源于无病毒母本园的苗圃，每公顷随机抽检150株，每增加1公顷增加30株；直接从国外引进的无病毒种苗或砧木原种，每株都需检测。由此繁育的苗木，按前述办法抽样进行病毒检测。

3. 检验规则 通过上述苗圃和出圃随机抽样检验，苗木无前述1995年中华人民共和国农业部发布的32种全国植物检疫对象和有关省、市、自治区发布的63种补充植物检疫对象中涉及到梨的检疫对象及列入国内植物检疫对象的4种梨病毒病（榅桲矮化病毒、梨脉黄病毒、苹果茎沟病毒、梨环纹花叶病毒），规格符合中华人民共和国农业行业标准 NY 475—2002 梨苗木质量要求、标准的为合格苗。否则，为不合格苗。

四、梨苗木质量标准

（一）基本术语和定义

1. 实生砧 又称根砧或基砧。指用秋子梨、砂梨、川梨（*P. pashia*）、杜梨（*P. betulaefolia*）、豆梨（*P. calleryana*）、褐梨（*P. phaeocarpa*）等梨野生种的种子直接繁育的砧木。

2. 营养系矮化中间砧 指位于根砧（又称基砧，即用上述梨野生种的种子直接繁育的砧木）与嫁接品种之间的能使树体矮化的营养系砧段。

3. 根皮与茎皮损伤 包括自然、人畜、机械、病虫损伤。无愈合组织的为新损伤处；有环状愈合组织的为老损伤处。

4. 主根长度 实生砧主根基部至先端的距离。

5. 主根粗度 地面下主根2厘米处的直径。

6. 侧根数量 实生砧指从主根上长出的侧根数；营养系矮化砧和组织培养苗指从地下茎段直接长出的分根数。

7. 侧根粗度 指第一侧根基部2厘米处的直径。

8. 侧根长度 指侧根基部至其先端的距离。

9. 基砧段长度 指各种砧木由地表至基部嫁接口的距离。

10. 中间砧段长度 基砧接口到品种接口之间的距离。

11. 苗木高度 指根颈至品种苗木顶端的距离。

12. 苗木粗度 指品种嫁接口以上5厘米处的直径。

13. 倾斜度 指接穗品种茎段与地面垂直线的夹角度数。

14. 整形带 指苗木定干剪口下20~30厘米的范围。

15. 饱满芽 指整形带内生长发育良好的健康芽（如果该芽已发出副梢，1个木质化副梢，计1个饱芽；未木质化的副梢不计）。

16. 接合部愈合程度 指嫁接口的愈合状况。

17. 砧桩处理与愈合程度 指各嫁接口上部的砧桩是否剪除与砧桩剪口的愈合情况。

18. 2年生苗 从培育砧木（实生砧或营养繁殖砧）、嫁接品种到苗木出圃，须经历2年的生长期。

（二）普通苗木质量要求

所有出售的梨苗木均应符合上述（一）1~18规定的要求。普通梨苗木质量标准见表2-2。

（三）无病毒梨苗木标准

无病毒梨苗木是指用无病毒砧木和无病毒接穗嫁接繁育的梨嫁接苗或用无病毒材料通过组织培养方法繁殖的梨自根苗。

1. 病毒的危害 通常所说的果树病毒包括病毒、类菌原体、类细菌和类病毒等。

梨树良种引种指导

梨是多年生植物,一旦被病毒感染,树体将终生带毒。将带毒的砧木(树体)与从带毒的树体上采集的接穗(枝条)进行嫁接繁殖时,后代将会被感染带毒。病毒侵入树体后,会破坏树体的正常生理功能,使叶片黄化,生长势减弱,生长发育不良,一般会导致果实产量缩减,外观、内质品质下降,严重时甚至会引起植株死亡。到目前为止,病毒病尚无有效的药剂进行防治。

2. 无病毒梨苗木标准 目前,梨主要病毒有榅桲矮化病毒、梨脉黄病毒、苹果茎沟病毒、梨环纹花叶病毒。因此,无病毒梨苗木除不得带有上述4种病毒外,还不得携带前已述及的检疫对象,同时,苗木质量应符合普通梨苗木质量规定的要求与标准。

表2-2 梨苗木质量标准

(摘自中华人民共和国农业行业标准 NY 475——2002 梨苗木)

项目		规格				
		一级		二级		三级	
		实生砧苗	营养系矮化中间砧苗	实生砧苗	营养系矮化中间砧苗	实生砧苗	营养系矮化中间砧苗
品种与砧木		纯度≥95%					
根	主根长度(厘米)	≥25					
	主根粗度(厘米)	≥1.2		≥1		≥0.8	
	侧根长度(厘米)	≥15					
	侧根粗度(厘米)	≥0.4		≥0.3		≥0.2	
	侧根数量(条)	≥5		≥4		≥3	≥4
	侧根分布	均匀、舒展而不卷曲					
基砧段长度(厘米)		≤8					
中间砧段长度(厘米)			20~30		20~30		20~30
苗木高度(厘米)		≥120		≥100		≥80	
苗木粗度(厘米)		≥1.2		≥1		≥0.8	
倾斜度		≤15°					
根皮与茎皮		无干缩皱皮,无新损伤,旧损伤总面积≤1平方厘米					

续表 2-2

项 目	规　　　格					
	一级		二级		三级	
	实生砧苗	营养系矮化中间砧苗	实生砧苗	营养系矮化中间砧苗	实生砧苗	营养系矮化中间砧苗
饱满芽数(个)	≥8		≥6		≥6	
接口愈合程度	愈合良好					
砧桩处理与愈合程度	砧桩剪除,剪口环状愈合或完全愈合					

注:测量主根长度、侧根长度、基砧段长度、中间砧段长度、苗木高度用米尺测量;测量主根粗度、侧根粗度、苗木粗度用游标卡尺测量直径;侧根数量、饱满芽数用目测,并计数;测量倾斜度用量角器测量用;测量损伤处,应用透明塑料薄膜覆盖伤口绘出面积,再复印到小方格纸上计算总面积;接芽饱满程度用目测;接口部愈合程度用目测或对接合部进行纵剖观测

等级判定规则:①各级苗木标准允许的不合格苗木只能为邻级,不能为隔级。②一级苗的不合格率应<5%;二级、三级苗的不合格率应<10%;不符合上述要求的均降为邻级,不够三级的均视为等外苗

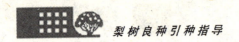梨树良种引种指导

第三章 梨树良种引种的原则和引种方法

梨树在我国的分布极为广泛,北至黑龙江东北隅、南到云南边陲均有梨树的栽培,且各梨产区具地域特色的优良品种比较丰富,如新疆的库尔勒香梨、辽宁的南果梨、安徽的砀山酥梨及河北的鸭梨、鸭广梨等。新中国成立后,国家及各级政府均十分重视梨树的种质资源创新工作,相继有一批品种问世,并在生产中发挥了巨大作用,如早酥、黄花等;近年育出的优良新品种有华酥、华金、中梨1号、红香酥、硕丰、黄冠、雪青、西子绿等。加入WTO为我国果树生产的发展提供了前所未有的机遇,其中由于梨树具有适应能力强、易栽培、好管理、经济寿命长等特点而备受广大果农的欢迎,全国各地、尤其是西部省份及长江流域以南各省、市发展梨果业的积极性十分高涨。同时,为适应国际梨果市场的需求,各地的品种结构调整和优化区域布局等项工作也正在稳步进行。能否尽快引进国内外良种,加快筛选速度,对推广良种的主要配套栽培技术进行试验普及已成为我国梨果生产能否实现可持续发展的关键。在此形势下,如何引进良种、引进什么样的良种及良种引进后怎样栽培管理才能实现良种良法等是需要认真研究解决的问题。

第一节 引种原则

广义的良种引进目的有两个:一是资源保存,一般对从事品种资源收集或作为育种材料使用的科研院校而言,引种时所考虑的第一要素是引进的良种在品质、抗性等方面有无特异性状,其保存和利用的价值如何等等。二是以生产为目的的良种引进,是推动

梨果生产、促进区域布局的捷径。本书的引种也主要是介绍以生产为目的的引种。

梨果生产乃至整个果树生产的目的都是一致的——为市场服务；其归宿也绝对相同——市场。而在果品市场备受消费者关注的首先是品质，而且是在外观品质优良的基础上内在品质超群。从生产者角度来说，需充分考虑引进良种的农艺性状，如成枝力、萌芽率、连续结果能力及树体生长势等；另外从适种适栽的角度出发，还需考虑良种对当地土壤、气候等环境条件的适应性。这是引种工作能否成功的关键，也是引进的良种能否在当地梨果生产中充分发挥作用的重要因素。

一、适生区域内的相互引种

目前我国梨树的主要种类大体可分为4个种：秋子梨、白梨、砂梨和西洋梨。其各自的特点及适生区域分别为：

（一）秋子梨

适应范围广泛，抗寒能力强（据报道，有的品种可耐 −52℃ 的低温），是寒地梨产区的主要栽培种类；优良代表品种有南果梨、大香水、京白梨等。主要适生区为辽宁、吉林、河北省长城以北及甘肃的陇中、河西走廊一带。

（二）白梨

适应性较好，品质优良，是华北梨区的主要栽培类型。其优良代表品种有鸭梨、雪花梨、莱阳慈梨等。主要适生区为淮河、秦岭以北至长城以南（北纬 33.5°~40°附近），包括冀中南平原、山东、山西、陕西、甘肃、河南及辽宁的部分地区。

(三) 砂 梨

较耐潮湿，抗黑星病能力较强，抗寒能力不及秋子梨和白梨。优良代表品种有云南宝珠梨、四川苍溪梨、日本的二十世纪及统称为"三水"的新水、丰水、幸水等。其主要适生区为长江流域及其以南地区。

(四) 西洋梨

起源于欧洲和亚洲西部；喜冷凉干燥气候，抗寒能力较差（只能承受 -20℃ 的低温）；代表品种有巴梨、茄梨、三季梨等。引入我国已有百余年历史，生产经验表明其大部分品种适合于较冷凉的海洋性气候生长。

一般在各种适生范围内相互引种，成功的几率较高。而对新育出的品种也可以其亲本的适生区域作为参考，因为果树的亲缘关系与其适应能力有着密切的联系。如日本品种新世纪具有较强的抗黑星病能力，以其为亲本育成的黄冠即对黑星具有较高抗性，而且引种试验表明，黄冠于长江流域梨区均生长结果正常，表现良好。

二、以环境因素为依据引种

环境主要包括气候、土壤、地形及生物因素等。其中关于引种成败的重要因素有温度、降水、土壤等。

(一) 温 度

在一定程度上可以说温度是引种成功与否的最关键因素。温度对果树的生长结果有着多方面的影响。而对引种而言，最主要的是最低温和最高温。其中，最低温主要制约南果北引。一般秋子梨产区的生长季节平均温度为 14.7℃~18℃，白梨和西洋梨为

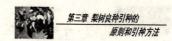

18.1℃~22.2℃,砂梨为 15.8℃~26.9℃。各品种的抗寒能力因种不同而异。以秋子梨抗寒力最强,可耐-30℃~-35℃的低温;白梨次之,可耐-23℃~-25℃的低温;西洋梨和砂梨抗寒力最弱,只能承受-20℃左右的低温。而就地理位置而言,随纬度、海拔的变化,温度也相应发生变化,由南向北 1 000 千米,温度下降 6℃,海拔升高 100 米,温度下降 0.6℃。随着全球气候变暖,引种地区的极限最高温度也是不容忽视的。初步经验表明,生长季节温度超过 40℃,对一些品种造成果面及叶片的日灼。在引种前首先应对良种原产地的气候条件及其抗寒、耐高温等性状有所了解,并与当地的农林、气象部门取得联系,掌握相关技术、气象资料,做到有的放矢,增大引种的成功几率。

(二)霜 冻

晚霜常给梨果生产造成危害,其中尤以北方梨区为重。梨树的耐寒能力因种(或品种)的差异而不尽相同,一般秋子梨的耐寒力较强,白梨、砂梨的耐寒力则相对较弱,但均以花期抗冻能力最低。鸭梨休眠期能耐-20℃的低温,但随着萌动、开花,耐低温能力逐渐降低;花期受冻临界值分别为现蕾期-4.5℃、花序分离期-3℃、开花前 1~2 天为-1.1℃~-1.6℃,开花当天-1.1℃,而开花后经 1 天以上,其抗低温能力又有所提高,为-1.5℃~-2℃。而从花的各部分器官看,以雌蕊最不耐冻。另据甘肃各地有关晚霜的报道,梨树花器随萌动到开花的进程其抗寒能力逐渐减弱,各阶段的临界温度分别为:花芽开绽至现蕾期-5.3℃、花序散开至花瓣露出期-3.4℃~-3.7℃,初花期-2.5℃,盛花期-1.5℃。幼果期耐寒能力相对较强,在-2.5℃的环境中维持 4 小时才会出现冻害。花期如遇晚霜,首先受害的是雌蕊,将直接影响产量;严重时,会因雌蕊、雄蕊和花托全部枯死脱落而造成绝收。在幼果期出现霜冻也会造成果实畸形,影响外观品质和商品价值。

(三)降 水

梨树对水分的需求量和对涝灾的抵抗能力因种和品种的不同而异。尤其在灌溉条件不够理想的地区,降水量对梨树的生长发育起着非常重要的作用,也是引种能否成功的主要制约因素之一。一般能够进行井水灌溉或沟渠灌溉地区的引种,对当地年降水量的要求不太严格;而不能保证正常浇水的海滩地、山地和丘陵地区,引种时则必须考虑降水因素。一般年降水量不足 300 毫米,春旱严重,下雨集中于 7~8 月的地区,北方梨应慎重引种,尤其是适于温暖、潮湿、雨量充沛的南方梨区生长的砂梨系品种,如日本的二十世纪、韩国的黄金等,一般不宜引种。

(四)土 壤

适宜梨树生长的土壤环境是中性砂壤土;而从我国主要梨产区的土壤类型看,华北、西北地区普遍偏碱(pH 值 8 左右,盐碱地则更高);华南地区则主要表现酸性(pH 值 5~6)。为确保引种成功,除在当地进行必要的土壤改良外,最简便的方法是从砧木着手:杜梨砧抗盐碱能力较强,北方梨产区多以杜梨做砧木;沙梨砧耐酸能力较强,南方梨区以沙梨做砧木。如原产地与当地的酸碱度相差悬殊,可先于当地培育砧木,然后引进良种嫁接,做到适宜砧木加优良品种,以扩大良种的适生范围,增加引种成功的几率。

另外,引种时,尤其是北方良种南引需充分考虑品种的需冷量问题。近年的生产实践表明,兼具个大、形美、质优的良种西子绿在渝、滇等梨区栽培,因休眠期温度较高,不能满足其需冷量而出现花芽形成不良、产量偏低等现象;而引入河北等地,则花芽分化良好、产量稳定。

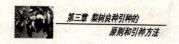
第三章 梨树良种引种的
原则和引种方法

第二节 引种方法及注意事项

一、引种方法

引进良种主要包括外地(或国外)的优良品种和优良砧木的种或品种。其中,以生产应用为目的的优良品种引进,多采用引入苗木(成苗、芽苗均可)和接穗的方法;砧木引种多采取引入苗木和种子的方法。如受交通等条件的限制,长途或国外引种也可采取茎尖、花粉等引种方式。但是所谓引种决非将一个优良的栽培品种或砧木品种以苗木等方式由一个地区引往另一个地区,尚需鉴定筛选、对比试验、生产示范及大面积推广等步骤与程序。

(一)引种对象的确定

首先应对当地梨果市场的供求情况进行详细地调查了解,找出市场空缺,弄清梨果需求情况;依据当地的经济条件、消费水平和消费习惯及交通等具体情况,搞好市场定位。一般大中城市的近郊,交通便利、市场活跃,可发展早中熟优质高档果品;交通不畅的山区可以发展晚熟耐贮品种。在搞好市场定位的基础上,确定引种目标。然后从符合引种目标的国内外优良品种划定选择范围,结合当地的生态条件及优良品种的相关特性,经综合比较,最后选出与引种目标最接近且最易成功的良种。如当地的早熟品种奇缺,市场潜力极大,可从早酥、华酥、早魁、七月酥、中梨1号及伏茄等品种中选择;如果当地缺少中熟品种,可从黄冠、硕丰、西子绿、八月酥等品种中选择。

(二)严格检疫

病虫害检疫是引种工作中不可缺少的重要环节。认真进行检

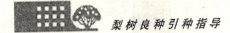

疫可杜绝外来病虫害对我国梨果生产造成负面影响,也可以有效地控制国内各梨区之间病虫害的相互传播与蔓延。为杜绝异地病虫害的传入,一般对引入的苗木、接穗都要进行消毒处理;对有检疫对象的苗木、接穗和种子,要立即焚烧,以免殃及当地的梨果业生产。

(三)进行品种登记与编号

无论是采取什么方法收集到的良种,一旦到达目的地就应尽快进行详细的品种登记。主要内容包括品种名称(包括曾用名和暂定名、商品名等)、原产地的田间代号、亲本、原产地、具体引种地点(可具体到人)、引种人等,并以此为基础建立良种档案,为今后的鉴定、试验奠定基础。为了记录方便、便于日后核对及对外保密等原因,最好对引入良种进行编号。具体可按产地、引入年代等进行编号,其中较方便、实用的方法是按年代编号,如 2003 年引进的第十六个品种,可编号为 200316 或 0316 等。

(四)鉴定筛选

以生产为目的引进的良种,如果是苗木可直接定植于试验地(良种鉴定筛选圃);而接穗多采用高接的方法。为减少人力、物力的浪费,高接数量不宜过大。观察鉴定的内容应侧重以下两个方面:一是果实综合经济性状——成熟期、果实形状、果个大小、果面颜色,果肉质地、口感、风味及可溶性固形物含量等,并与其在原产地的品质做比较。二是栽培性状——萌芽率,成枝力,开始结果年龄,结果枝类型比例,果台副梢连续结果能力,有无腋花芽结果及主要病虫害,有无日灼、冻伤等。以充分掌握其在当地的生长结果情况,为筛选出适宜本地栽培的良种并试验总结其配套栽培技术打下良好基础。

(五)品种对比试验及区域试验

对已初步筛选出的适宜当地发展的良种,需进行多品种的对比试验,对照品种可用当地熟期相同的主栽品种;对良种的主要植物学特征、生长结果习性及果实综合经济性状进行详细调查。经过综合分析、对比,确定本地发展良种。同时为确定良种于当地的最佳适宜栽培区,还需进行区域试验;为缩短试验周期,可采用在不同生态区的成龄树上进行高接的方式。另需及时总结以整形修剪、疏花疏果、肥水管理、病虫害防治为主要内容的配套栽培技术,以便良种推广和配套技术普及等项工作的开展。

(六)生产示范与推广

生产示范是良种推广不可缺少的组成部分。一般可在重点产区建立生产示范基地,为尽快打开市场、扩大影响,基地面积不宜小于10公顷;对试区果农进行技术培训,加强基地管理,并逐步丰富完善良种的配套栽培技术。然后以现场会等形式进行宣传报道,充分发挥示范基地的示范、带动作用,调动周边果农的栽植积极性,扩大良种的推广面积。

为缩短良种引进、观察筛选、对比试验、生产示范、大面积推广整个过程的时间,筛选、对比、区试、示范等各过程可穿插进行。

二、注意事项

因为梨树是多年生经济植物,结果寿命相当长,其引种、推广应十分慎重。为减少浪费,引种单位应以宁少勿滥为原则,严格执行观察、区试、示范等程序,并强化对引进良种配套栽培技术的试验与普及。只有这样才能真正达到优化当地品种结构、促进梨果生产健康发展、壮大农村经济的目的。否则,将给当地的梨果生产造成不应有的损失。

梨树良种引种指导

现在全国各地发展梨果生产的积极性十分高涨,梨树品种结构调整、优化品种布局等项工作也在同步进行。为增加收入,广大农民对新、优、特的梨树品种需求十分迫切。在此形势下的引种工作更应注意以下问题:

(一)忌盲目追"洋"

所谓"洋品种"除西洋梨外,主要是指近年充斥我国梨树苗木市场的日本品种和韩国品种。二十世纪、黄金等日、韩品种确实具有结果早、品质优等优良特性,有一定的市场空间。但近几年的生产实践证明,上述品种也的确存在一些不容忽视的问题。据赵京献等报道,日、韩梨在我国栽培的问题主要表现在以下几方面:

1. 果锈严重,外观品质欠佳 褐皮品种如不进行套袋,果面呈黑褐色,果点增大,果面粗糙,商品价值很低;需以套袋栽培改善果实外观品质。黄金、水晶等黄皮梨品种,果面易形成果锈;黄金还易在果实萼洼周围形成一圈儿褐色锈斑,且生长缓慢形成猪嘴,严重影响果实品质和商品果率。

2. 果实可溶性固形物含量有逐年下降的趋势 因日、韩梨的大多数品种对肥水条件要求较高,而我国土壤的有机质含量普遍较低,导致果品质量逐年降低。

3. 果个普遍变小 受气候、土壤、生长期及管理水平等因素的影响,引进的日、韩梨的单果重均小于原产地。如黄金在河北省辛集的平均单果重为 250~300 克,而在韩国的平均单果重为 400~450 克;再如日本的金二十世纪和长二十世纪在原产地的平均单果重为 270 克,而在石家庄地区的平均单果重仅为 200 克。

此外,日、韩品种不同程度地存在着适应性差、生长势弱、不耐贮运、货架寿命短等问题。所以,土质贫瘠、浇灌条件落后的边远地区应慎重发展。

(二)实地考察

在初步确定引进良种后,需于果实成熟或生长季节在原产地或集中产地进行实地考察。这样既对该品种的果实品质、生长结果状况进行实地调查,又可了解其适生的土壤、气候、地理等生态条件,比任何报道、宣传都更直观、更具体,有助于综合分析后选优汰劣。同时也有助于了解产地病虫害及检疫对象等问题,进一步增加引种的成功几率。

(三)授粉树问题

生产实践表明,许多梨树品种,如鸭梨、黄冠梨等均有花粉直感现象。所以,引种单位在做好引进良种主要配套栽培技术试验与总结的同时,需对主要引进良种和当地优良品种进行详细的物候期(以开花物候期为主)调查;并以此为基础,选择花期略早于欲推广良种1~2天的品种为父本进行授粉试验,综合比较各授粉组合的果实品质。其中外观品质以果形指数、萼片脱落与否及果面色泽为主要衡量标准;内在品质以果肉质地、口感、风味及可溶性固形物含量为衡量标准。从中选出最佳的授粉品种,并与推广良种一并普及。

第四章 脆肉梨良种引种

第一节 白 梨

一、早熟品种

(一)早 魁

【品种来历】 河北省农林科学院石家庄果树研究所选育。亲本为雪花梨(♀)×黄花梨(♂)。2001年通过河北省林木良种审定委员会审定。

【品种特征特性】

(1)果实经济性状 果实个大,平均单果重258克,最大达500克;椭圆形(萼端较细),果皮绿黄色,较薄,充分成熟后呈金黄色;果面光洁、无锈斑;果点小而密,梗洼很浅、狭,萼洼深度、广度中等,萼片脱落或残存;果肉白色,肉质较细,松脆适口,汁液丰富,风味甜,具香气,可溶性固形物含量12.6%;果心小,石细胞、残渣少。

(2)植物学特征 树冠圆锥形,树姿开张;主干黑褐色,1年生枝灰褐色;叶芽细长、斜生;嫩梢红褐色;幼叶深红色,茸毛少;成熟叶片深绿色、长椭圆形,叶基圆形、叶尖尾尖、叶缘具刺毛齿;花蕾淡粉色,花冠白色,花粉量大。

(3)生物学特性 树势健壮,生长旺盛,幼树新梢生长量可达160厘米以上,新梢中下部芽体当年可萌发而形成二次枝;萌芽率高达80.73%,成枝力较强——剪口下可抽生15厘米以上枝条

3.93 个；以短果枝结果为主，幼旺树也有中长果枝结果，并有腋花芽结果，果台副梢连续结果能力中等（连续 2 年以上结果果台占总台数的 11.78%）。

在河北石家庄地区 3 月下旬芽萌动；4 月上中旬盛花，8 月初果实成熟；10 月下旬至 11 月上旬落叶，果实生育期 110 天。

【适栽地区及品种适应性】 在华北、西北、淮河及长江流域的大部分地区均可栽培。目前早魁除在河北省栽培外，已被天津、北京、青海、浙江、江苏等省、市引种或规模栽培，发展前景良好。该品种适应性强，高抗黑星病。

【栽培技术要点及注意事项】 栽植株行距一般以 3 米 × 5 米为宜。可与黄冠、冀蜜、早酥、雪花梨等品种互为授粉树。树形可采用疏散分层形、纺锤形。长放是促花的良好措施，尤其是幼树期除对骨干枝进行打头短截外，宜多留长放，以增加早期产量。进入盛果期后须进行适当回缩复壮，以保持树势强健。由于其萼片残存，极易招致黄粉蚜等害虫的为害，化学防治时，一定要对萼洼部细致周到用药。

【供种单位】 河北省农林科学院石家庄果树研究所。

（二）华　酥

【品种来历】 中国农业科学院果树研究所选育的品种。亲本为早酥(♀) × 八云(♂)。1999 年通过辽宁省农作物品种审定委员会审定，2002 年通过全国农作物品种审定委员会审定，2003 年获植物新品种权。

【品种特征特性】

(1) 果实经济性状　果实个大，平均单果重 250 克；果实近圆形，果皮黄绿色，果面光洁、平滑，有蜡质，无果锈，果点小而疏、不明显，外观漂亮美观；梗洼中深、中广，萼洼浅而广，有皱褶；萼片脱落，偶有宿存；果肉淡黄白色，肉质细，酥脆多汁，酸甜适口，风味浓郁,并具芳香,可溶性固形物含量11%~12%;果心小,石细胞少,综合品质上等。果实在室温下可贮放20~30天,在冷藏条件下可贮藏60天以上。

(2)植物学特征　树冠圆锥形,树姿直立;枝干光滑、灰褐色;多年生枝光滑,灰褐色,1年生枝黄褐色;叶芽圆锥形,花芽阔圆锥形;幼叶淡绿色,成熟叶片绿色,叶片卵圆形,平展微内卷,叶缘细锐锯齿具刺芒,叶尖渐尖,叶基圆形;花冠白色,花瓣圆形,多为5瓣,少数为6~10瓣。

(3)生物学特性　树势中庸偏强,4年生干周16厘米,树高2.8米,新梢平均长82.3厘米;萌芽率高达81.78%,发枝力中等;以短果枝结果为主,各类结果枝比例为短果枝占54%,中果枝占5%,长果枝占17%,腋花芽占24%;果台连续结果能力中等;花序坐果率高达80.94%,花朵坐果率为20.42%,每花序平均坐果1.57个;具早果高产特性,一般定植后第三年即可结果,6~7年生树产量可达30~37.5吨/公顷。

在辽宁兴城4月上旬芽萌动,5月上旬盛花、花期10天左右;6月上旬新梢停止生长,8月上旬果实成熟,10月下旬至11月上旬落叶,果实发育期85~90天,营养生长期196~214天。

【适栽地区及品种适应性】　在北京、辽宁、河北、江苏、四川等省、市栽培较多,甘肃、新疆、云南、福建等省、自治区也有栽培。其适应性较强,既耐高温多湿,又具较强抗寒力。抗腐烂病、黑星病能力强,兼抗果实木栓化斑点病和轮纹病。

【栽培技术要点及注意事项】　栽植行株距以4米×3米为宜,也可采用4米×1.5米的行株距,待植株成型、树冠即将郁闭时,再进行隔株间伐,恢复到正常的栽植密度。授粉品种以早酥、华金、锦丰、鸭梨等为宜。树形可采用疏散分层形。除对中心领导干及主枝延长枝进行必要的重短截外,对树冠周围或内部直立的侧枝应适当轻剪长放,并通过拉枝以开张角度,促进花芽形成。进入结果期后,对内膛着生过密枝条和细弱枝条,应适当疏剪,以保证通风透光;为提高果品质量,必须进行疏花疏果。疏花疏果标准以两花序间距25~30厘米为宜,每花序留单果。注意适时采收,当果皮由绿色开始转为黄绿色时,果实即可采收上市。

【供种单位】 中国农业科学院果树研究所。

(三)华 金

【品种来历】 中国农业科学院果树研究所选育的品种。亲本为早酥(♀)×早白(♂)。1996~2000年列为"九五"农业部重点科研项目(95农01-05)参试优系,在辽宁、河北试验基点和北京、江苏等省、市进行品种比较试验、区域试验和生产试栽中均表现良好。2003年获植物新品种权。

【品种特征特性】

(1)果实经济性状 果个大,平均单果重305克;果实长圆形或卵圆形,果皮绿黄色,果面平滑光洁、有蜡质光泽,无果锈;果点中大、中密;梗洼浅而狭、萼洼中深、中广;萼片脱落,有皱褶;果肉黄白色,肉质细,酥脆多汁,风味甜,并略具芳香;果心较小,石细胞少,可溶性固形物含量11%~12%,品质上等。果实在室温下可贮放20~30天,在冷藏条件下可贮藏60天以上。

(2)植物学特征 树冠圆锥形,树姿半开张;主干灰褐色;多年生枝光滑,灰褐色;1年生枝黄褐色,叶芽钝尖,花芽卵形;幼叶淡绿色,老叶绿色,卵圆形,革质,抱合,叶缘细锐锯齿具刺芒,叶尖渐尖,叶基圆形;平均每花序7.75朵花,花冠直径4.2厘米、白色,花瓣5枚、圆形,花药紫红色,雌蕊高于雄蕊,花柱5个。

(3)生物学特性 树势较强;4年生干高38.5厘米,干周14.1厘米;新梢平均长95.7厘米;萌芽率高,发枝力中等偏弱;以短果枝结果为主,间有腋花芽结果,果台连续结果能力中等;在自然授粉条件下,花序坐果率53.22%,花朵坐果率15.12%,平均每花序坐果1.06个。结果早,丰产性好,定植后第三年全部植株开花结果,6~7年生树产量可达30~37.5吨/公顷。

在辽宁兴城4月上旬花芽萌动,4月下旬至5月上旬初花,5月上旬盛花,花期10天左右;6月上旬新梢停止生长,8月上中旬果实成熟。10月下旬至11月上旬落叶,果实发育期90天,营养生长期195~213天。

【适栽地区及品种适应性】 适于在东北、华北、华东、西北、西南梨产区栽培,适应性较强;耐高温多湿,抗寒力、抗病力较强,高抗黑星病,兼抗果实木栓化斑点病和腐烂病等。

【栽培技术要点及注意事项】 行株距选用4米×3米,授粉树以华酥、早酥、锦丰、鸭梨等品种为宜,树形采用疏散分层形,幼树期以轻剪长放为宜,除对中心领导干及主枝延长枝进行打头外,其余枝条应尽量保留,并长放促花;进入盛果期后,适当疏除内膛过密的枝条及细弱枝条,以改善通风透光条件。为提高果实品质,需进行疏花疏果,两花序间距以25~30厘米为宜,每花序留单果。一般管理条件下,负载量应控制在37.5吨/公顷以内。注意适时采收。

【供种单位】 中国农业科学院果树研究所。

(四)早 酥

【品种来历】 中国农业科学院果树研究所培育而成。亲本为苹果梨(♀)×身不知(♂)。1969年定名。1977年和1978年分别荣获辽宁省和全国科学大会重大科技成果奖,1998年被评为全国优质果品。

【品种特征特性】

(1)果实经济性状 果实个大,平均单果重250克;果实卵形或卵圆形,果皮黄绿色或绿黄色,果面光洁、平滑,有蜡质光泽,并具棱状突起,无果锈,果点小而稀疏、不明显;梗洼浅而狭、有棱沟,萼洼中深、中广，有肋状突起；萼片宿存，外观品质优良；果肉白色，肉质细、酥脆，汁液特多，味甜或淡甜；果心小，石细胞少，可溶性固形物含量 11%～14.6%，品质上等。果实在室温下可贮放 20～30 天，在冷藏条件下可贮藏 60 天以上。

（2）植物学特征　树冠圆锥形，树姿半开张；主干棕褐色，表面光滑；2～3 年生枝暗褐色；1 年生枝红褐色；叶芽圆锥形，花芽卵形；幼叶紫红色，成熟叶片绿色，卵圆形，平展微内卷，叶尖渐尖，叶基圆形，叶缘粗锯齿具刺芒；花白色，有红晕，花药紫色，花粉量大。

（3）生物学特性　树势强健；5 年生树高 3.4 米，新梢平均长 59 厘米；萌芽率高达 84.84%，发枝力中等偏弱，一般剪口下抽生 1～2 条长枝；以短果枝结果为主，各类结果枝组比例为：短果枝占 91%、中果枝占 6%、腋花芽占 3%，果台连续结果能力中等偏弱；自然授粉条件下花序坐果率 85%，并具早果、早丰特性，一般定植 2～3 年即可结果，6～7 年生树产量可达 30～37.5 吨/公顷。

在辽宁兴城 4 月上旬花芽、叶芽萌动，5 月上旬盛花，花期 10 天左右；6 月中下旬新梢停止生长，8 月中下旬果实成熟。10 月下旬至 11 月上旬落叶，果实发育期 100 天，营养生长期 210 天。

【适栽地区及品种适应性】　在北京、天津、辽宁、河北、江苏、甘肃、山西、陕西、云南等省、市栽培较多，新疆、山东等省、自治区也有少量栽培。适应性较强；对土壤条件要求不严格，既耐高温多湿，又具较强抗旱力，抗寒力也较强。较抗黑星病和食心虫类为害；但在有些地区栽培，果实容易出现由缺钙、缺硼引起的的木栓化斑点病，应首先进行土壤改良，或辅以花期喷硼、钙等技术措施。

【栽培技术要点及注意事项】　栽植行株距以 4 米×3 米为宜。授粉树配以苹果梨、华酥、锦丰、鸭梨、雪花梨等品种。采用小冠疏散分层形整形。该品种极性强，枝条角度小，应注意拉枝，开张角度；进入盛果期对内膛过密枝条和细弱枝条予以适当疏剪，对外围大枝进行疏剪、回缩，以保证树冠通风透光良好。注意采取土壤改良、花期喷硼、钙等技术措施防治果实木栓化斑点病。

【供种单位】 中国农业科学院果树研究所。

(五)中梨1号

【品种来历】 又称为绿宝石。由中国农业科学院郑州果树研究所培育而成。亲本为新世纪(♀)×早酥(♂)。2003年通过河南省林木良种审定委员会审定,2003年获植物新品种权。

【品种特征特性】

(1)果实经济性状 果个大,平均单果重220克,最大果重450克;果实近圆形,果面光滑,有光泽,北方栽培无果锈,南方栽培有少量果锈,果点中大;果皮翠绿色、采后15天呈鲜黄色,梗洼、萼洼中深、中广,萼片脱落或残存;果皮薄,果心中等大小,果肉乳白色,肉质细脆,石细胞少,汁液多,可溶性固形物含量12%~13.5%,风味甘甜可口,有香味,品质上等。

(2)植物学特征 树冠圆头形,幼树树姿直立,成龄树开张;树干浅灰色,多年生枝黄绿色、皮细、光滑;1年生枝黄褐色,梢无茸毛;皮孔中多、近圆形;叶片长卵圆形,深绿色,叶尖渐尖,叶基圆形,叶缘刺芒状,叶边齿为锐单锯齿;叶姿平展;叶芽中等大,三角形;花芽肥大,心脏形;花冠白色。

(3)生物学特性 树势较壮,生长旺盛;6年生树高3.3米,新梢平均长82厘米;萌芽率高达70%以上,成枝力中等,剪口下可抽生3个15厘米以上的新梢;以短果枝结果为主,并有腋花芽结果,自然授粉条件下每花序平均坐果3~4个;一般定植2~3年结果,6~7年生树产量可达30~37.5吨/公顷。经验表明,多头高接翌年即可批量结果,具良好的丰产性能。

在河北省中南部地区3月下旬芽萌动;4月上旬初花,4月中旬盛花,花期7~10天,其花期物候期与黄冠、冀蜜等品种相近;4月中旬新梢开始生长,6月下旬停长;7月下旬果实成熟;11月上旬落叶,果实生育期 100 天左右。

【适栽地区及品种适应性】 该品种在晋、冀、鲁、豫等梨主产区均生长结果良好,在长江以南的滇、渝、皖及江、浙地区也可正常结果。抗逆性强,耐高温多湿,对轮纹病、黑星病、干腐病均有较强的抵抗能力。在前期干旱少雨、果实膨大期多雨的年份,有裂果现象。

【栽培技术要点及注意事项】 株行距可选用 3 米 × 4 米,沙荒薄地及丘陵地以 2 米 × 4 米为宜;早酥、新世纪、早美酥等品种均可做授粉树;加强肥水管理,果实生长发育期,尤其是发育前期,需确保水分供应,以防止和减少裂果。严格进行疏花疏果,每 20～25 厘米留 1 花序,其余花序全部疏除;疏果于盛花后 15 天开始,疏除小果、畸形果、病虫果和擦伤果,对套袋栽培,更需注重康氏粉蚧、梨黄粉蚜、梨木虱等入袋害虫的防治。药剂可选用波尔多液、大生 M-45、福星及阿维虫清、吡虫啉、灭幼脲 3 号等。注意果实生长发育期的水分供应。

【供种单位】 中国农业科学院郑州果树研究所。

(六)早美酥

【品种来历】 中国农业科学院郑州果树研究所培育而成。亲本为新世纪(♀) × 早酥(♂)。1998 年、1999 年分别通过河南省、安徽省农作物品种审定委员会审定。2002 年通过全国农作物品种审定委员会审定。

【品种特征特性】

(1)果实经济性状 果个大,平均单果重 250 克;果实近圆形或长卵圆形,果皮绿黄色,果面光洁、平滑,有蜡质光泽,无果锈,果点小而密集,外形美观;梗洼浅而狭,萼洼中深、中广,萼片部分残存;果肉乳白色,肉质细,石细胞较少,酥脆(常温下采后 15 天肉质变软),汁液多,酸甜适口;果心较小,可溶性固形物含量 11%～

12.5%,品质上等。

(2)植物学特征 树冠圆头形,树姿半开张。主干和多年生枝光滑,灰褐色;1年生枝黄褐色;叶芽长卵圆形,花芽卵圆形;幼叶黄色,成熟叶片暗绿色、卵圆形、平展,叶缘粗锯齿,叶尖突尖,叶基圆形;每花序5～8朵花,花冠中等大小、白色,花瓣倒卵圆形。

(3)生物学特性 树势强;5年生树高3.1米,新梢平均长68厘米;萌芽率高(66%),成枝力较弱;以短果枝结果为主,各类结果枝比例为:长果枝3%、中果枝8%、短果枝87%、腋花芽2%;果台副梢连续结果能力较强,花序坐果率高(70.75%),花朵坐果率为25.15%;该品种有早果、早丰特性,定植后第三年即可结果,6～7年生树产量可达30～37.5吨/公顷。

在河南郑州地区3月中旬花芽萌动,4月中旬盛花,花期6～8天;6月中下旬新梢停止生长,7月中旬果实成熟,11月上旬落叶。果实发育期95天左右,营养生长期210天。

【适栽地区及品种适应性】 适于华中、华南、西南及长江中下游地区等砂梨产区栽培。适应性较强,既耐高温多湿,又抗旱、耐涝,且较耐瘠薄。抗病力较强,对轮纹病、黑星病、腐烂病均有较强的抵抗能力,不抗蚜虫、梨木虱;在潮湿的碱性土壤中栽培,果实有轻微的木栓化斑点病。

【栽培技术要点及注意事项】 可根据立地选择合适的栽植密度,平地肥沃土壤行株距可选用5米×2米,沙荒薄地及山地果园以4米×1.5米为宜。授粉树以七月酥、金水2号、幸水等品种为宜。采用自由纺锤形整形。幼树期应以轻剪长放为主,进入盛果期应及时回缩更新;为确保果大优质,盛果期大树必须进行疏花疏果。以留单果,且幼果间的距离不小于20厘米为宜。

【供种单位】 中国农业科学院郑州果树研究所。

(七)七月酥

【品种来历】 中国农业科学院郑州果树研究所培育而成。亲本为幸水(♀)×早酥(♂)。1997年、2002年分别通过安徽省农作物品种审定委员会和河南省林木良种审定委员会审定。

【品种特征特性】

(1)果实经济性状 果实大,平均单果重220克,最大520克;果呈卵圆形或近圆形;果皮翠绿色,果面光洁,无果锈;果点较小而密,外观较好;梗洼浅、中广,萼洼中深、中广,萼片脱落或残存;果肉白色,肉质细,汁液丰富,风味甘甜;果心小,石细胞少,可溶性固形物含量12.5%~14.5%,品质上等。

(2)植物学特征 树冠圆头形,树姿半开张。主干及多年生枝棕褐色,1年生枝红褐色。叶片窄椭圆形,叶缘具细锯齿,叶基椭圆形,叶尖渐尖;花冠中等大,白色,每花序平均7朵花。

(3)生物学特性 树势较强,6年生树高3米;萌芽力较强,成枝力弱,一般剪口下可抽生1~2条长枝。以短果枝结果为主,各类结果枝所占比例为:长果枝6%,中果枝20%,短果枝74%。果台连续结果能力中等,花序坐果率较高,采前落果轻,较丰产。

在河南郑州3月中旬花芽萌动,4月中旬盛花,7月初果实成熟,11月上旬落叶,果实发育期90天左右,营养生长期200天。

【适栽地区及品种适应性】 可在黄淮海地区及长江流域栽培。抗逆性中等,较抗旱、耐涝、耐盐碱,抗风力弱;抗病性较差,枝干易感轮纹病,叶片易感早期落叶病和褐斑病;较抗蚜虫、梨木虱。

【栽培技术要点及注意事项】 选择土壤肥沃、透气性好的园地栽培,行株距以4米×3米为宜;配置授粉树可选用早美酥、中梨1号等品种;宜采用小冠疏散分层形或自由纺锤形树形,幼树期宜轻剪长放,并注意开张角度;严格疏花疏果,留单果且以幼果间距离20厘米为宜。加强对褐斑病、早期落叶病及枝干轮纹病的防治。

【供种单位】 中国农业科学院郑州果树研究所。

(八)金 星

【品种来历】 中国农业科学院郑州果树研究所培育而成。亲本为栖霞大香水(♀)×兴隆麻梨(♂)。2002年通过河南省林木良种审定委员会审定。

【品种特征特性】

(1)果实经济性状 果实大,平均单果重220克,最大480克;果实卵圆形、浅黄绿色,果面洁净,果点密,稍突出;梗洼中深狭,萼洼中广,萼片脱落;果心中等,果肉淡黄白色,肉质酥松,汁液多,石细胞少,风味甘甜,微有酸味,可溶性固形物含量12.75%,品质上等。

(2)植物学特征 树冠半圆形,生长势中庸;枝条硬,开张,生长充实健壮;芽饱满,节间短;叶片卵圆形,浅绿色,叶缘锯齿锐尖;花量较大。

(3)生物学特性 树势中庸,以短果枝结果为主、占67.5%,中果枝为22.4%;顶花芽和腋花芽较易形成;果台副梢一般抽生2~4个,连续结果能力强,花序坐果率82%,平均每花序坐果2.3个。没有大小年结果和采前落果现象,丰产性好,3年生树最高株产达56千克。

在河南郑州3月下旬花芽萌动,4月中下旬盛花,7月下旬至8月上旬果实成熟。果实较耐贮运,室温下可贮放30天左右。

【适栽地区及品种适应性】 该品种适于在白梨和部分砂梨分布区栽培,尤其在黄淮海流域和西北干旱地区更为适宜,在长江中下游和西南地区也可栽培。该品种抗病性(黑星病、锈病、叶斑病、干腐病较少)、抗逆性(干旱、贫瘠、寒冷条件下生长结果正常)强,适应性广。

【栽培技术要点及注意事项】 在砂质壤土、壤土、黄棕壤土等园地上均可栽植。行株距以 3 米 × 5 米为宜;配置授粉树可选用早美酥、中梨 1 号等品种;宜采用小冠疏散分层形或自由纺锤形树形。幼树期宜轻剪长放,并注意开张角度;严格疏花疏果。

【供种单位】 中国农业科学院郑州果树研究所。

二、中熟品种

(一)黄 冠

【品种来历】 河北省农林科学院石家庄果树研究所培育而成。亲本为雪花梨(♀) × 新世纪(♂)。1997 年通过河北省林木良种审定委员会审定,1998 年获农业部科技进步三等奖。

【品种特征特性】

(1)果实经济性状 果个大,平均单果重 278.5 克;果实椭圆形,果面绿黄色,果点小、光洁无锈,酷似金冠苹果,外观很美;萼片脱落,萼洼中深、中广;果皮薄,果肉洁白,肉质细而松脆,汁液丰富,风味酸甜适口且带蜜香;果心小,石细胞及残渣少;可溶性固形物含量 11.4%,果实综合品质上等。

(2)植物学特征 树冠圆锥形,树势开张;主干黑褐色,1 年生枝暗褐色,新梢长 86 厘米;叶芽中等大小、贴生,花芽中大、长椭圆形;嫩叶绛红色,叶片椭圆形,叶尖稍向后翻卷,成熟叶片呈暗绿色,有光泽,较厚,叶片平展,叶尖长尾尖,叶基圆形,边缘具细毛齿;平均每花序 8 朵花,花蕾白色,花瓣长圆形,花药浅紫色,花粉量大。

(3)生物学特性 树势健壮,幼树生长较旺盛且直立,多呈抱头状;8 年生树高 4.35 米,萌芽率高,成枝力中等,一般剪口下可抽生 3 个长枝,始果年龄早,1 年生苗的顶花芽形成率可高达 17%;以短果枝结果为主,短果枝占 69.5%、中果枝 11.8%、长果枝15.2%,腋花芽为3.5%;每果台可抽生2个副梢,且连续结果能力较强,幼树期有明显的腋花芽结果现象,自然授粉条件下平均每花序坐果3.5个;5年生幼树产量可达1 786千克/667平方米。具有良好的丰产性能。

在河北石家庄地区,芽萌动一般在3月中下旬;开花期4月上中旬,较鸭梨略晚2~3天;果实成熟期8月中旬;新梢4月中旬开始生长,6月下旬停止生长;落叶期为11月上旬。果实发育期120天左右,营养生长期220~230天。

【适栽地区及品种适应性】 在华北、西北、淮河及长江流域的大部分地区均可栽培。高抗黑星病,对炭疽病、黑斑病等病害也有较强抗性。

【栽培技术要点及注意事项】 栽植株行距一般以3米×4米为宜,可与冀蜜、鸭梨、雪花梨、中梨1号等品种互为授粉树;宜采用疏散分层形。由于其直立生长,多呈抱头状,故需做好拉枝造型工作;为提高早期产量,宜采用多留长放——除对中心领导干及主枝延长枝进行必要的短截外,其余枝条宜尽量保留,并长放促花;进入盛果期及时疏除过密辅养枝,且实施落头以保证内膛光照;并对结果枝组进行回缩复壮,以确保连年丰产、稳产,同时需要做好夏季修剪工作;黄冠果实个大,坐果率高,必须做好疏果工作;以留单果为主,且以幼果间距离30厘米为宜。

【供种单位】 河北省农林科学院石家庄果树研究所。

(二)冀 蜜

【品种来历】 河北省农林科学院石家庄果树研究所培育而成。亲本为雪花梨(♀)×黄花梨(♂)。1997年通过河北省林木良种审定委员会审定,2000年获河北省科技进步三等奖。

【品种特征特性】

(1)果实经济性状 果个大,平均单果重258克,最大600克;

果实椭圆形,果面绿黄色、光洁,有蜡质光泽,果点中大、较密;梗洼浅、窄,萼洼中深、中广,萼片脱落;果皮较薄,果心小,果肉白色,肉质较细,松脆可口,石细胞和残渣含量少,汁液多,风味甜;可溶性固形物含量13.5%,品质极上。

(2)植物学特征　树冠半圆形,树姿较开张;主干及多年生枝暗褐色,呈不规则纵裂;1年生枝黄褐色;皮孔大,多为圆形;嫩叶深红色,茸毛较少;叶片大而肥厚,两侧上卷,叶尖后翻,椭圆形;叶尖渐尖,叶基心脏形,叶缘具刺毛状锯齿;每花序平均7朵花,花蕾白色,花瓣圆形,花药浅紫色,花粉数量大。

(3)生物学特性　生长势较强,8年生树高4.26米,幼树新梢年生长量在100厘米以上,成龄树新梢平均长度为72.1厘米;萌芽率极高,成龄树平均73.2%,幼树达90%;成枝力中等,剪口下抽生15厘米以上的长枝2.6个;以短果枝结果为主,并有腋花芽结果习性,各类果枝占总果枝的百分数分别为:长果枝18.5%、中果枝22.4%、短果枝54.2%、腋花芽4.9%;果台副梢连续结果能力强,连续2年以上结果果台占总台数的30%,自然授粉条件下每花序平均坐果2.8个;始果年龄早,定植2年即可结果。

在石家庄地区花芽萌动期一般为3月中旬,盛花期4月上中旬、花期7~9天;果实于8月下旬成熟,落叶期为11月上中旬,果实生育期130天左右;营养生长期220~230天。

【适栽地区及品种适应性】　适宜在黄淮海大部分地区栽培。适应性强,抗病能力较强,高抗黑星病。在降水偏多年份易发生褐斑病。

【栽培技术要点及注意事项】　栽植密度以株行距3米×5米为宜,技术欠发达地区或土质瘠薄的山区可为3米×4米;与黄冠、雪花梨、早酥、早魁等品种互为授粉树;树形以疏散分层形为宜;由于其枝条生长旺盛,幼树期宜多留长放,并注意开张角度,以防枝梢徒长;进入盛果期后应及时疏除过密辅养枝,保证内膛光照及良好的通风条件,以减少褐斑病、轮纹病等病害的发生;对结果枝组进行回缩复壮,以保树势健壮;加强肥水管理,果实前期需保证相对充足的水分,否则易发生裂果;后期宜适度控制浇水,地势较低的梨园应注意排水;严格疏花疏果;由于其熟期早,风味甜,采收前需注重鸟害和金龟子的防治。

【供种单位】 河北省农林科学院石家庄果树研究所。

(三)硕 丰

【品种来历】 山西省农业科学院果树研究所育成,亲本为苹果梨(♀)×砀山酥(♂)。1995年通过农业部及山西省科委组织的鉴定并命名,1998年获山西省科技进步二等奖。

【品种特征特性】

(1)果实经济性状 果个大,平均单果重250克;果实近圆形,果皮绿黄色,向阳面具红晕或近于全红,果面平滑,有蜡质光泽,果点小而密,外观漂亮,但有的果实果形不够端正;梗洼中深或浅、狭,萼洼中深或较浅、中广,萼片脱落或宿存;果肉白色,肉质细,石细胞少,松脆多汁,味甜或酸甜,并具芳香,果心小,可溶性固形物含量12.2%～14%,品质上等。

(2)植物学特征 树冠半圆形,树姿较开张;多年生枝光滑,灰褐色;1年生枝红褐色;幼叶暗红色,叶片深绿色、卵圆形或椭圆形,叶姿平展、微内卷,叶缘细锐锯齿具刺芒,叶尖渐尖或长尾尖,叶基近圆形至阔楔形;每花序8～10朵花,花蕾红色,花冠白色,花瓣5瓣,近圆形。

(3)生物学特性 幼树树势较强,结果后树势中庸;8年生干周35厘米,树高350厘米,新梢平均长70～80厘米;萌芽率高达77%,发枝力中等;初龄结果树多以长、中果枝结果,8年生树长果枝占33.9%,中果枝占17.9%,短果枝占33.9%,腋花芽占14.3%;成年树则以短果枝结果为主(74%),间有腋花芽结果,果台连续结果能力中等；花序坐果率高，每花序平均坐果 1.57 个。定植后第三至第四年即可结果，5 年生树株产 20 千克。

在山西太谷 4 月上旬花芽萌动，4 月中下旬初花，4 月下旬盛花，花期 8～10 天；6 月上中旬新梢停止生长，8 月下旬果实可食用，9 月上旬果实成熟，11 月上中旬落叶。果实发育期 130 天左右，营养生长期 220 天。

【适栽地区及品种适应性】 适于在气候较为寒冷、干旱的东北、华北、西北苹果梨适栽的广大梨产区栽培。对气候、土壤的适应性较强，在晋中、南部（年均温 8℃～13.6℃）、内蒙古、陕南、江苏等地，其生长结果良好。较耐旱，在高海拔或山地果园，果皮色泽红艳。抗寒力较强，在雁北大同及内蒙古呼和浩特等高寒干旱地区（年均温 5.8℃～6.3℃，绝对低温 -29.1℃～-36.7℃，年均降水量 350～400 毫米），树体生长健壮，果品品质优良。在有些年份，有短枝冻害，冻害率低于 25%；但因其腋花芽结果能力较强，一般不会影响产量。

抗黑星病能力强，在晋南、陕南黑星病严重的果园，未见其发病。抗白粉病、早期落叶病能力中等，抗腐烂病能力强于砀山酥梨、苹果梨和雪花梨；但易受食心虫为害。

【栽培技术要点及注意事项】 高寒区育苗应以山梨为砧，或以杜梨、山梨为砧高接，这样可增加其抗寒性。栽植行株距以 5 米×3 米为宜。授粉品种以苹果梨、早酥、锦丰、鸭梨、晋蜜等为宜，但与砀山酥互不亲合，不宜单独混栽；采用疏散分层形整形，幼树期宜轻剪长放，进入结果期后应对结果枝组进行必要的回缩更新。该品种成花容易、果个大、产量高，应进行疏花疏果，并重视肥水管理，以有机肥为主，生长后期以磷、钾肥为主；果实易受食心虫为害，应注意防治；果实的肉质较嫩，采收、贮运中要尽量减少机械损伤。贮藏中温度过高、湿度过大，果点易变黑而影响外观。

【供种单位】 山西省农业科学院果树研究所。

（四）雪 青

【品种来历】 浙江大学农业与生物技术学院园艺系 1990 年培育而成，亲本为雪花(♀)×新世纪(♂)。

【品种特征特性】

(1)果实经济性状 果实大，平均单果重 230 克，最大 400 克；果实圆形，果皮黄绿色，光滑，外观美；果肉白色，果心小，肉质细脆，汁液丰富，风味甜；可溶性固形物含量 12.5%，品质上等。果实 8 月中旬成熟。

(2)植物学特征 树冠圆锥形，树姿开张；主干黑褐色；叶片椭圆形，成熟叶片呈暗绿色，有光泽，较厚，叶片平展，叶尖长尾尖，叶基圆形，边缘具细毛齿；花药浅紫色，花粉量大。

(3)生物学特性 树势较强，幼树生长较旺盛，萌芽率和成枝力较高，始果年龄早；以短果枝结果为主，且连续结果能力较强，幼树期有明显的腋花芽结果现象。

【适栽地区及品种适应性】 该品种外观美，品质优，抗性强，结果早且丰产性好，深受果农和消费者喜爱。其适应区域广，不仅适宜黄淮海大部分地区栽培，在长江流域及南方各地生长结果也良好。

【栽培技术要点及注意事项】 栽植株行距一般以 3 米×4 米为宜，可与新世纪、鸭梨、中梨 1 号等品种互为授粉树；宜采用疏散分层形。为提高早期产量，宜采用多留长放，除对中心领导干及主枝延长枝进行必要的短截外，其余枝条宜尽量保留，并长放促花；进入盛果期及时疏除过密辅养枝，并对结果枝组进行回缩复壮，以确保连年丰产、稳产。同时需要做好夏季修剪工作；必须做好疏果工作；以留单果为主，且以幼果空间距离 25 厘米为宜。

【供种单位】 浙江大学农业与生物技术学院园艺系。

三、晚熟品种

（一）锦　丰

【品种来历】　中国农业科学院果树研究所育成的晚熟耐贮梨新品种，亲本为苹果梨(♀)×茌梨(♂)。1977年、1978年分别荣获辽宁省与全国科学大会重大科技成果奖，1985年、1989年分别被评为全国优质果品。

【品种特征特性】

(1)果实经济性状　果个大，平均单果重230～280克；果实近圆形，果皮绿黄色，贮后转为黄色，果面平滑，有蜡质光泽，有的具小锈斑，果点中多、大而明显；梗洼浅、中广、有沟，萼洼深、中广、有皱褶、具锈斑，萼片多宿存；果肉白色，肉质细嫩，石细胞少，松脆多汁，酸甜适口，风味浓郁，微具芳香，果心小，可溶性固形物含量12%～15.7%，品质极上。果实极耐贮藏，一般可贮至翌年5月，贮后风味更佳。

(2)植物学特征　树冠阔圆锥形，树姿较直立；多年生枝光滑，灰褐色；1年生枝黑褐色；叶芽圆锥形，花芽卵形；幼叶淡绿带紫红色，叶片深绿色、卵圆形，叶姿平展微内卷，叶缘细锐锯齿具刺芒，叶尖渐尖，叶基圆形；平均每花序6.3朵花，花冠白色带粉红色，花瓣卵圆形，花药紫红色。

(3)生物学特性　树势强；10年生干周46厘米，树高4.3米；新梢平均长78.3厘米，萌芽率高(73.7%)，发枝力强；幼树长果枝占25%，中果枝占10%，短果枝占33%，腋花芽占32%；成年树以短果枝结果为主，果台连续结果能力较弱，花序坐果率高(82%)，花朵坐果率中等，一般每花序平均坐果1.62个；采前落果程度极轻。如管理不善，则隔年结果明显；结果过多时，果实大小不整齐。

在辽宁兴城4月上旬花、叶芽萌动，4月下旬至5月上旬初花,5月中旬盛花,花期10天左右;6月上旬新梢停止生长,10月上旬果实成熟,11月上旬落叶。果实发育期145天,营养生长期210天。

【适栽地区及品种适应性】 适于东北西部、华北北部和西北等白梨适栽的广大梨产区栽培,特别适于在西北干燥、凉爽高地和东北西部丘陵山区栽培。适应性较强,对土壤条件要求不严格,但要求气候条件冷凉、干燥,无论是果实发育期或贮藏期,在湿度过大的环境中,果面易出现锈斑或全锈;抗寒力较强,与苹果梨相似,且枝条受冻后恢复能力很强。抗病力强,较抗黑星病;在有些内陆沙滩地种植,果实易发生木栓化斑点病,应引起注意。

【栽培技术要点及注意事项】 栽植行株距以4米×3米为宜;授粉树以苹果梨、早酥、雪花梨、砀山酥、鸭梨等品种为宜。宜采用疏散分层形整形。幼树期对中心领导干及主枝延长枝进行适度短截,其余枝条应少截多缓,并开张角度;适量疏枝,并及时更新短果枝群,大年修剪应破除中长枝花芽,防止大小年结果;为提高果品质量,必须进行疏花疏果。疏花宜于花蕾期进行,两花序间距以20~25厘米为宜,每花序留单果,负载量应控制在37.5吨/公顷左右。该品种外观不太美观,疏花疏果后应及时套袋,以改善其外观品质。

【供种单位】 中国农业科学院果树研究所。

(二)红香酥

【品种来历】 中国农业科学院郑州果树研究所育成的晚熟梨新品种,亲本为库尔勒香梨(♀)×鹅梨(♂)。1997年、1999年分别通过河南省与山西省农作物品种审定委员会审定,2002年通过全国农作物品种审定委员会审定,2003年获河南省科技进步二等奖。

【品种特征特性】

(1)果实经济性状 果个大,平均单果重220克;果实纺锤形或长卵圆形,果皮绿黄色,向阳面2/3有红晕;果面平滑,有蜡质光泽,果点中大、较密,外观艳丽;梗洼浅、中广,萼洼浅而广,部分果实萼片宿存、萼端突起;果肉白色,肉质细,石细胞较少,酥脆多汁,甜,风味浓,并具芳香,果心小,可溶性固形物含量12%~14%,品质上等。

(2)植物学特征 树冠圆头形,树姿较开张;主干及多年生枝光滑,棕褐色;1年生枝红褐色;叶芽细圆锥形,花芽圆形,叶片深绿色、卵圆形,叶姿平展,叶缘细锯齿,叶尖渐尖,叶基圆形;每花序5~7朵花,花冠中等大小、粉红色,花瓣倒卵形、5~6瓣。

(3)生物学特性 树势中庸;6年生树高3.5米,新梢平均长78厘米,萌芽率高(68%),发枝力中等;以短果枝结果为主(占果枝总数的77.8%),长果枝2.9%、中果枝占16.2%、腋花芽占3.1%;果台连续结果能力强,花序坐果率高达87.25%,花朵坐果率中等为26.86%,每花序平均坐果1.8个;采前落果程度很轻。一般管理条件,定植后第三年即可结果,6~7年生树产量可达30~37.5吨/公顷。

在河南郑州3月上旬花芽萌动,3月中旬叶芽萌动,4月上旬盛花,4月中旬终花,花期7~8天;6月上旬新梢停止生长,8月底9月上旬果实成熟,11月上中旬落叶。果实发育期140天,营养生长期235天。

【适栽地区及品种适应性】 适于在华北、西北、黄河故道及渤海湾等白梨适栽的梨产区栽培。适应性较强,不仅抗寒、抗旱,而且耐涝能力也较强;但采收前抗风能力较差。抗病虫性一般,较抗黑星病,果实贮藏期易感轮纹病,同时果实易受食心虫为害。

【栽培技术要点及注意事项】 土壤肥沃、肥水条件良好的地区,行株距可选用5米×2~3米,沙荒薄地及丘陵岗地,行株距以4米×1.5~2米。授粉品种以砀山酥、雪花梨、崇化大梨、鸭梨等为宜。栽植密度为4米×1.5~2米的可选用"Y"字形树形,栽植密度为5米×2~3米的可采用自由纺锤形整形;对幼树应以轻剪长放为主,夏季着重对直立枝、旺枝采取拉枝、坠枝或拿枝软化,以开张角度,促进花芽形成;对长枝、旺长枝应尽量以拉代截,少疏除,结合"目伤"等措施使其转变为结果枝组;对延长枝则采取以弱代强,控制其延伸速度,促进其功能转化,使生长、扩冠、结果有序进行。进入盛果期后,要及时回缩结果枝组,疏除一些弱的结果枝组,短截一部分当年生枝,以保持树势中庸,平衡营养生长与生殖生长;为提高果品质量,盛果期大树必须进行疏花疏果。每隔15~20厘米留1个果,负载量应控制在37.5吨/公顷以内。

【供种单位】 中国农业科学院郑州果树研究所、中国农业科学院果树研究所。

(三)库尔勒香梨

【品种来历】 原产于新疆南部,库尔勒地区为其集中产地,且所生产的果实质优味美,最为著名。南疆各地普遍栽培,北方各省也有少量栽培。

【品种特征特性】

(1)果实经济性状 果实中等大,平均单果重104~120克,最大单果重174克;果实近纺锤形或倒卵圆形,幼旺树果实顶部有猪嘴状突起,梗洼浅而狭,5棱突出;萼洼较深而中广,萼片脱落或残存;果皮底色绿黄色,阳面有暗红色晕(于冀中南部表现为淡红色片状红晕),果皮薄,果点极小,果面光洁,果梗常膨大成肉质,尤其以幼树明显;果肉白色,肉质细嫩,汁多爽口,味甜具清香,果心较大,可溶性固形物含量13%~16%,品质上等。

(2)植物学特征 树冠圆头形,树姿半开张;主干灰褐色,有龟裂;枝条较细,柔软,1年生枝浅褐色;叶片倒卵形,较厚,色深绿,微抱合,叶缘细锐锯齿,叶尖渐尖,叶基圆形或楔形;每花序平均8朵花,花冠白色、花药紫色。

(3)生物学特性　植株生长势强,树冠大;萌芽率高,成枝力较强;以短果枝结果为主,长果枝腋花芽结果能力也很强,自然授粉条件下每花序平均坐果3~4个;管理粗放,有大小年结果现象。

冀中南地区花芽3月中下旬芽萌动,4月上旬初花,中旬达盛花,花期可维持8~10天;4月中旬新梢开始生长,6月下旬新梢停长;果实于9月中旬成熟,果实发育期150天左右;落叶期为11月上旬,营养生长期210天左右。

【适栽地区及品种适应性】　在陕西、山西、辽宁兴城等地表现良好,无论砂壤土、粘重土壤都能适应。抗寒力较强,在最低温度不低于-20℃的地区可获丰产,-22℃时部分花芽受冻,-30℃时则受冻严重;在高温及干燥的新疆喀什以南地区则表现汁少肉粗。耐旱,但抗风力差,易因大风引起采前落果。对病虫害抵抗力强,较抗黑心病,食心虫为害也较轻。

【栽培技术要点及注意事项】　适宜在气候冷凉的北方梨区栽植,栽植株行距不宜过密,以4米×5米为宜;授粉品种可选用鸭梨、雪花梨、砀山酥及华酥、黄冠等;因其枝梢开张,抗风力差,故树形宜采用开心形;定干高度为100厘米;对当年新梢用木棍或竹竿进行绑缚固定,角度以60°~70°为宜;以斜生枝培养结果枝组(背下枝长势弱、易早衰,应尽量少用),及时疏除背上枝。进入结果期后,除进行必要的回缩更新外,还应注意疏除外围过密枝条,以保证树冠内部光照,促进果实着色;在海拔较低、光照相对不足的内陆地区,可用覆反光膜的办法促进着色。

【供种单位】　中国农业科学院果树研究所。

(四)新梨6号

【品种来历】　新疆库尔勒市农二师农业科学研究所育成的晚熟耐贮梨新品种,亲本为库尔勒香梨×苹果梨。1997年通过新疆维吾尔自治区农作物品种审定委员会审定。在新疆、甘肃等省、自治区栽培较多,北京、辽宁等省、市也有少量栽培。

【品种特征特性】

(1)果实经济性状　果实扁圆形,中等大小,平均单果重191克;果面底色青黄色,向阳面有紫红晕,果皮薄;果肉乳白色,肉质较细,石细胞较少,松脆多汁,酸甜适口,可溶性固形物含量13.9%,品质上等。

(2)植物学特征　树冠自然圆锥形,树姿较开张;主干及多年生枝光滑,灰褐色;1年生枝青灰色;叶片深绿色,中大,卵圆形或椭圆形,多皱褶,叶缘细锐锯齿具刺芒,叶尖突尖或渐尖,叶基圆形或楔形。

(3)生物学特性　树势强健;幼树生长健旺;长果枝占22.2%,中果枝占10.2%,短果枝占47.5%,腋花芽占20.1%;在自然状态下极易成花,花序坐果率高(60%以上),平均每花序坐果2.6个;6月落果现象极轻。该品种产量高,前期平均产量是库尔勒香梨的2~3倍。

在新疆库尔勒地区,3月下旬花芽萌动,4月上旬初花,4月中旬盛花(比库尔勒香梨提早2~3天),花期12~15天;9月中旬果实成熟,11月上旬落叶。果实发育期145天左右,营养生长期220天。

【适栽地区及品种适应性】　适于在西北、华北、东北等白梨适栽的广大梨产区栽培;适应性较强,抗寒性强。

【栽培技术要点及注意事项】　该品种结果早,丰产性极强,对肥水条件要求较高,适宜在深厚肥沃的砂壤土上栽培,栽植行株距以5~6米×4~5米为宜;可与母本库尔勒香梨等品种互为授粉品种;采用疏散分层形。修剪要适当加大层间距(1.5~1.8米),冬剪时合理留枝、留花,盛果期树注意结果枝更新,抬高枝条高度;加强肥水管理,多施有机肥,并注意适时灌水,防止树势衰弱;因自然坐果率较高,为提高果品质量,盛果期大树必须进行疏花疏果。

叶果比以 30∶1 为宜。新梨 6 号物候期较早,早春要注意防治尺蠖。

【供种单位】 中国农业科学院果树研究所。

(五)晋 蜜

【品种来历】 晋蜜梨(72-9-33)是山西省农业科学院果树研究所以砀山酥梨为母本、猪嘴梨为父本杂交培育而成。1985 年通过专家鉴定并正式定名,1988 年获山西省科技进步一等奖。在山西、河北、陕西等省均有栽培。

【品种特征特性】

(1)果实经济性状 果个大,平均单果重 210 克,最大 480 克;果实卵圆形至椭圆形;果皮绿黄色,贮后变为金黄色,果面光洁、具蜡质;果点小、较密,肩处果点较大、稀疏;梗洼深度、广度中等,有的肩部一侧有小突起,萼片脱落、宿存或残存,萼片脱落者萼洼较深广,萼片宿存者萼洼中大、较浅;果肉白色,肉质细脆,汁多味甜,具香气;果皮较厚,果心较小,可溶性固形物含量 12.4%~16%,综合品质上等。果实耐贮运,贮藏期病害极少。

(2)植物学特征 树冠圆锥形,较开张;主干暗褐色,1 年生枝紫褐色至绿褐色,叶芽三角形,较小,贴生,花芽短圆锥形;嫩叶暗红色,有茸毛;叶片卵圆形,叶色深绿,叶尖渐尖,叶基圆形,叶缘具细锯齿,有刺芒;叶姿平展或稍向叶面抱合;每花序有 5~7 朵花,花蕾红色,花冠白色、较大,花瓣近圆形或扁圆形;花药紫色,花粉量大。

(3)生物学特性 幼树生长势强,较直立,大量结果后树势中庸;5 年生树高 4.1 米,新梢长 60~90 厘米;萌芽率高,幼树成枝力中等,发育枝短截后可抽生 1~3 个长枝和 1~2 个中长枝,大量结果后成枝力减弱;结果初期中长果枝比例较大,盛果期以短果枝结果为主,短果枝、长果枝、中果枝及腋花芽比例分别为 84%、10%、

4%和2%；果台连续结果能力弱；自然授粉条件下每花序坐果1～3个；采前落果轻，大小年现象不明显；丰产性较好。

在山西晋中地区，4月上旬花芽萌动，4月中下旬盛花，9月底果实成熟，果实发育期150天左右，10月底至11月上旬落叶。

【适栽地区及品种适应性】 适应性强，于北方梨区表现良好。抗风力强，较抗旱，抗寒力一般；较抗黑星病，多雨年份易患白粉病，果实成熟期及贮藏期有轮纹病发生；高温、高光条件下，幼树枝条有日灼现象。

【栽培技术要点及注意事项】 栽植株行距以3米×4～5米为宜；授粉品种有鸭梨、雪花梨、砀山酥梨等；幼树生长势强，较直立，应注意开张角度，做好拉枝造型工作，并轻剪缓放；结果初期，除对骨干延长枝短截外，其余枝宜轻剪长放；盛果期容易发生结果部位外移，应及时进行回缩和更新复壮；因晋蜜坐果率高，为确保连年丰产稳产，需做好疏花疏果工作。疏花以整花序疏除为主，并于初花前完成为宜，且越是弱树越宜早疏；疏果宜在5月下旬完成，留果标准以幼果空间距离25厘米左右为宜；多雨年份注意白粉病的防治。

【供种单位】 山西省农业科学院果树研究所、中国农业科学院果树研究所。

（六）慈 梨

【品种来历】 又名莱阳慈梨、茌梨。原产于山东省莱阳、茌平一带，是我国栽培历史悠久的优良品种之一。山东省莱阳等地栽培最多，华北梨区、辽宁西部、江苏、陕西、新疆南部均有栽培。

【品种特征特性】

（1）果实经济性状 果实个大，平均单果重200克；近纺锤形（不端正），果柄处有一类似鸭梨的鸭突，果面黄绿色，套袋后呈淡黄色，果点大、密集，木栓化后突出，从而更加影响其外观品质；萼片脱落或残存，萼洼较浅；果皮较薄，果心中等大小，果肉白色（略显淡绿色），肉质细而松脆，汁液丰富，风味甘甜，并有微香，石细胞较少，可溶性固形物含量 13%～15%，综合品质上等。果实较耐贮藏。

（2）**植物学特征** 树冠圆锥形，树姿半开张，主干暗灰褐色，1年生枝暗红褐色；嫩叶暗红色，成熟叶片绿色、卵圆形，叶尖渐尖，叶基圆形，较平展，叶缘具芒状锯齿；每花序 3～7 朵花，花蕾淡红色，花瓣近圆形、白色，花药淡紫红色。

（3）**生物学特性** 树势健壮，主枝着生角度较为开张；萌芽率较高，成枝力中等；以短果枝结果为主，幼旺树有相当数量的腋花芽结果；中长果枝也可结果，随着树龄的增加比例逐渐减小，果台副梢连续结果能力中等。

于原产地，3 月中下旬花芽开始膨大，4 月中旬为盛花期，4 月下旬终花期，花期可维持 7～10 天；花后 2～3 天新梢开始生长，6 月下旬停止生长；旺枝可有第二次生长而形成秋梢。果实成熟期为 9 月中旬，发育期 150 天左右。落叶期为 10 月下旬或 11 月上旬。

【**适栽地区及品种适应性**】 适应性较广，较抗旱、抗寒，抗风能力较强。易受黑星病、轮纹病及黄粉蚜等危害，也易受晚霜危害。

【**栽培技术要点及注意事项**】 栽植株行距以 3 米×5 米为宜；可与鸭梨、金花、雪花梨及华酥等品种互为授粉树；树形可采用疏散分层形或三裂扇形；幼树应适当多短截、少疏枝；对主枝适度短截，以迅速增加枝叶数量，促进树冠形成；骨干枝外的枝条应缓放或轻剪，用以培养较多结果枝；进入盛果期后，应对小型结果枝组，尤其是膛内小枝组进行必要的回缩复壮，以维持树体的连续结果能力；通过生草、间作、覆盖等方法进行土壤改良；注意疏花疏果、合理负载，疏果 5 月底以前完成；留果标准以幼果空间距离

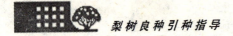

25~30厘米为宜;病虫害防治以梨小食心虫、黄粉蚜、轮纹病、梨黑星病等为主;对套袋栽培,应注重黄粉蚜、康氏粉蚧等入袋害虫的防治,可选用吡虫啉、齐螨素、波尔多液等药剂。

【供种单位】 中国农业科学院果树研究所。

(七)鸭 梨

【品种来历】 原产于河北省,是我国最古老的优良品种之一;目前北自辽宁、南至湖南均有栽培。以河北省辛集、晋州、赵县为多,山东、辽宁、河南、江苏、陕西、甘肃等地均有分布。

【品种特征特性】

(1)果实经济性状 果实中等大小,平均单果重230克,最大单果重280克。果实倒卵圆形,近果梗处有一似鸭头状的小突起(鸭突),故名鸭梨;果面绿黄色,果皮薄,靠果柄部分有锈斑,微有蜡质,果实美观,果梗先端常弯向一方,果点中大、稀疏;几乎无梗洼,萼洼深广,萼片脱落;果肉白色,肉质细腻脆嫩,石细胞极少,汁液丰富,酸甜适口,有香气,果心小,可溶性固形物含量12%,品质上等。果实耐贮性较好,一般自然条件下可贮藏至翌年2~3月。

(2)植物学特征 树冠阔圆锥形,树姿开张;主干暗灰色或棕褐色,有不规则裂痕;1~2年生枝多为深褐色,幼树有屈曲生长的特点;皮孔椭圆形、较大、稀疏;嫩叶浅红色,茸毛多;叶片卵圆形,深绿色,较厚,叶尖长尾尖,叶基圆形,叶缘具细锯齿;叶柄弯曲,无托叶;平均每花序8朵花,花蕾白色,花冠白色;花瓣圆形,花粉量多。

(3)生物学特性 幼树生长旺盛;大树生长势较弱,枝条稀疏,开张而近于水平;1年生枝长85.6厘米;萌芽率强,成枝力弱,长枝适度短截后,剪口下抽生2个左右15厘米以上的长枝;以短果枝结果为主,初果期长果枝、中果枝各占30%左右,并有一定数量的腋花芽;随树龄的增长短果枝比例增大,盛果期90%以上的果枝为短果枝；果台枝连续结果能力较强；自然授粉条件下，花序坐果率在80%以上，花朵坐果率30%~40%，每花序坐果1~3个；鸭梨开始结果较早，通常定植后第三至第四年开始结果，第七至第八年进入盛果期。

在冀中南地区花芽萌动期一般为3月中旬，盛花期4月上旬，终花期4月中旬，花期为7天左右；新梢4月中旬开始生长，6月上中旬新梢停止生长；果实于9月中旬成熟，果实生育期150天左右；落叶期为10月下旬或11月上旬。

【适栽地区及品种适应性】 最适宜区为华北和辽西温带梨区，江苏、安徽、浙江、湖北等地也有少量栽植，在四川、云南、新疆等地均能正常生长结果。鸭梨适应性广，适宜在干燥冷凉地区栽培。抗旱性强，在干旱山区表现较好；抗寒力中等；抗病虫力较差，对黑星病抵抗力弱，食心虫为害较重。

【栽培技术要点及注意事项】 株行距以3米×5米为宜；因自花不结实，必须配置授粉树，可用京白梨、胎黄梨、金花梨；可采用疏散分层形、高位开心形等整形，幼树应适当多短截、少疏枝，骨干枝外的枝条应缓放或轻剪；加强土肥水管理，通过清耕、生草、间作、覆盖等方法改良土壤；根据具体情况平衡施肥，并结合施肥及时灌水；疏花疏果可提高果实品质，维持树势健壮，留果标准以幼果空间距离25~30厘米为宜；果实套袋于5月上中旬进行，以外黄内黑双层纸袋的效果最为显著，在5月底前完成。病虫害防治以梨黑星病、梨小食心虫、梨木虱、梨茎蜂、轮纹病等为主；对套袋栽培，应注重黄粉虫、康氏粉蚧等入袋虫的防治，可选用吡虫啉、齐螨素等高效低毒药剂。

【供种单位】 河北省农林科学院石家庄果树研究所、中国农业科学院果树研究所。

（八）雪 花 梨

【品种来历】 原产于河北省中南部，现河北赵县栽培最多，为当地最优良品种之一。山东、辽宁、山西、江苏等地也有栽培，且表现较好。

【品种特征特性】

(1) 果实经济性状　果个大，平均单果重350克，最大单果重530克；果实长卵圆形或长椭圆形；果皮绿黄色，贮后变为鲜黄色，果面稍粗糙，有蜡质，果点褐色，较大而密；梗洼深度、广度中等，萼洼深广，萼片脱落；果皮较薄，果肉白色，肉质稍粗，脆而多汁，渣稍多，果心小，石细胞较少；味甜，有微香，可溶性固形物含量12%~13%，品质上等。果实较耐贮运，冷藏条件下可贮至翌年2~3月。

(2) 植物学特征　树冠圆锥形，树姿直立；主干黑褐色，有不规则的裂痕；1年生枝红褐色，皮孔较大，中等密度；叶芽中等大小、贴生；花芽较大，椭圆形，嫩叶深红色，茸毛较少；叶片广椭圆形，叶姿平展、较厚、有光泽，叶尖长尾尖，叶基圆形，叶缘具细锯齿；每花序平均6~7朵花；花蕾白色，花冠白色，花瓣圆形；花药紫色，花粉量多。

(3) 生物学特性　树势中庸，幼树生长缓慢；萌芽力强，成枝力中等。以短果枝结果为主，中长果枝及腋花芽结果能力也较强，但果台发枝能力弱，连续结果能力差，短果枝寿命较短，结果部位容易外移。自然授粉条件下，每花序平均坐果2个。始果年龄较早，一般3~4年开始结果，较丰产。

在冀中南部梨产区芽萌动一般在3月中下旬，开花期4月上中旬，较鸭梨略晚2~3天；果实成熟期9月上中旬；新梢4月中旬开始生长，6月下旬停止生长；落叶期为10月下旬或11月上旬。果实发育期150天左右，营养生长期250天。

【适栽地区及品种适应性】　在陕西、山西、山东、河南、辽宁、

第四章 脆肉梨良种引种

四川等地均有栽培,适应性较广,喜肥沃深厚的砂壤土,在平原沙地栽培产量高、品质好。但要求肥水充足,否则易早衰。抗旱能力较强,抗寒力中等,较抗轮纹病。近年黑星病危害较严重,且叶片抗药性较差;同时抗风力差,易因风灾而引起大量落果。

【栽培技术要点及注意事项】 栽植不宜过密,一般砂壤地株行距以3米×5米为宜;可与黄冠、早酥、冀蜜等品种互为授粉树;幼树整形要注意开张角度,对骨干枝延长枝应轻短截,并注意留芽方向;其它1年生枝宜缓放,充分利用中长果枝和腋花芽结果,以提高早期产量;盛果期树应注意对内膛枝组的维护与更新;雪花梨果个大,树势中庸,必须做好疏花疏果工作。疏花以疏蕾为主,疏果宜在5月底前完成,留单果,且幼果间的空间距离以30~35厘米为宜;病虫害防治以梨黑星病、梨小食心虫、梨木虱、梨茎蜂、轮纹病等为主,对套袋栽培应注重黄粉虫、康氏粉蚧等入袋虫的防治工作,可选用吡虫啉、齐螨素等药剂。

【供种单位】 河北省农林科学院石家庄果树研究所、中国农业科学院果树研究所。

(九)砀山酥梨

【品种来历】 又名砀山梨。原产于安徽砀山,为当地名产。以原产地栽培最多。该品种历史悠久,有青皮酥、白皮酥、金盖酥、伏酥等诸多品系,其中以白皮酥品质最为优良。一般所称砀山酥梨即指白皮酥而言。

【品种特征特性】

(1)果实经济性状 果实近圆柱形,具棱沟,顶端稍宽,果实个大,平均单果重270克,采收时果皮为黄绿色,贮藏后变为黄色,果皮光滑,果点小而密、明显,梗洼浅平,萼洼深广,萼片脱落或残存。果肉白色,肉质稍粗但酥脆爽口,汁多,味甜,有香气,可溶性固形物含量11.2%~15%;果心中等大小,果肉石细胞较少,近果心处石细胞多,综合品质上等。果实耐贮藏,一般可贮至翌年3~4月。但不耐运输。

(2)**植物学特征** 主干暗灰色、有龟裂;枝条粗壮,多年生枝灰褐色;新梢浅绿色,1年生枝浅褐色,芽体较小、斜生,叶片卵圆形、较厚,色深绿,表面光亮有蜡质;花冠白色,花药紫色,每花序平均8朵花。

(3)**生物学特性** 树冠为稍开张的自然圆头形,生长势中等,树冠中大,枝条比较直立;萌芽率较高,成枝力中等;一般定植3~4年开始结果,7~8年进入盛果期,较丰产;以短果枝结果为主,中长果枝及腋花芽结果能力较强;自然授粉条件下每花序平均坐果3个,果台一般可抽生1~2个副梢,幼旺树也可抽生3个副梢,不易形成短果枝群,连续结果能力弱;结果部位易外移,并易形成大小年现象。

在冀中南地区,花芽萌动期为3月中旬,4月上中旬达盛花期(与雪花梨、黄冠等品种花期相近),花期可持续8天左右。5月为新梢生长盛期,一般年份于6月底停止生长;果实9月上旬成熟,生长期140~150天;落叶期为11月上中旬。

【**适栽地区及品种适应性**】 适宜于深厚而肥沃的砂壤土及较冷凉地区栽培。在陕西渭北、新疆南部和山西晋中等地栽培,品质较原产地更为优良,在宁夏等地虽然口味浓、品质优,但有果心变大的趋势。适应性广,较抗寒,抗旱、耐涝性也较强。但在北方梨区花期易受晚霜、风及沙尘天气的危害;抗风能力较差,成熟前易因大风落果,因果肉疏松、酥嫩,落地后将失去食用和商品价值;抗病性差,在西北地区对腐烂病、黑星病等病害抗性弱,也易受食心虫和黄粉蚜为害。

【**栽培技术要点及注意事项**】 宜选择土层深厚而肥沃的土壤栽培;定植株行距一般为3米×5米;可选用茌梨、鸭梨、砀山马蹄黄梨及中梨1号、黄冠、华酥等品种做授粉树;幼树修剪要注意开张角度,对主枝延长枝应轻剪,并多留分枝;盛果期树易出现上强下弱现象,可通过控制中心领导干高度、适度加大上部枝角度(缓和其生长势)、延伸下部枝小角度(保持较强的生长势)等方法,抑制上部主枝的生长、促进下部主枝及结果枝组的生长,以达平衡树势的目的。酥梨连续结果能力差,盛果期树容易发生结果部位外移,对内膛枝组、多年生枝组和弱小枝组及时更新复壮;同时需对外围枝进行适度疏剪,以保证光照、增强膛内小枝的生长势。基肥以农家肥、腐熟的鸡粪、牛羊粪、作物秸秆等有机肥为主,并做到斤果斤肥。酥梨进入盛果期后,极易出现大小年结果现象;所以,疏花疏果、控制产量是连年丰产、稳产的关键。酥梨易受食心虫为害,应抓住关键时期,进行土壤防治。梨小食心虫应注重越冬幼虫出蛰转芽时期或幼虫转果时期防治。梨大食心虫应加强1~2代卵的防治;桃小食心虫需抓紧地下幼虫出土期的防治。由于其萼片残存,黄粉蚜常于其果实萼洼取食,如防治不利还可入袋为害。在化学防治时,尤其是套袋前的1次喷药,一定使幼果萼洼均匀着药。

【供种单位】 中国农业科学院果树研究所。

(十)新 苹

【品种来历】 辽宁省农业科学院果树科学研究所选育而成。1994年发现于辽宁省本溪市的1个苹果梨园中,经多年、多点区试鉴定,认定为苹果梨的自然实生;其果实在品质、风味、果形、果个等方面明显优于苹果梨,其它性状如抗寒性、耐贮性与苹果梨相似。2003年通过辽宁省农作物品种审定委员会审定,同年与梨新品种红巴梨、爱宕、尖把王选育及相关性状遗传规律研究共获辽宁省科技进步二等奖。

【品种特征特性】

(1)果实经济性状 平均单果重357克,最大可达920克;果实卵圆形;果面黄绿色,果点较大;果柄长 4.6 厘米,梗洼较浅,萼洼浅而广,萼片宿存;果心小,果肉白色,果肉硬度 7.54 千克/平方厘米,石细胞少,可溶性固形物含量 11.85%,总糖 8.46%,总酸 0.56%,维生素 C 5.76 毫克/100 克;果肉酥脆多汁,酸甜味浓,品质上等。常温下可贮至翌年 5 月,贮后风味更佳。

(2)植物学特征 树冠圆锥形,树姿较直立,主干及多年生枝条呈灰褐色,表面光滑,1 年生枝呈深褐色,梢部有绒毛;嫩叶呈黄绿色,叶片卵圆形,深绿色,叶片长 10.7 厘米,宽 7.5 厘米,厚 0.31 毫米,叶柄长 3.69 厘米,叶缘呈锐锯齿状;每花序 5 朵花,花冠白色,花冠直径 4.97 厘米,每朵花雄蕊 29 个,雌蕊 5 个,花药浅粉色;果实心室 5 个,种子大,卵圆形,黑色。

(3)生物学特性 生长势较强,5 年生树高可达 3.3 米,萌芽率 76.2%,成枝力强,剪口下平均抽生 3.4 个枝;枝条粗壮,幼树结果早,定植后 3 年开花株率达 65.6%,4 年生株产 12 千克,5 年生株产 25 千克;3~4 年生树中长枝顶花率 56.3%,5 年生树短果枝花芽率 78.6%;5 年生树短果枝占 71.2%,中果枝占 18.5%,长果枝占 10.3%;平均每花序坐果 1.91 个,果台连续结果能力较差。采前落果轻,大小年不明显。

在辽宁熊岳地区 4 月上旬萌芽,4 月下旬开花,9 月末果实成熟,10 月末落叶。果实发育期 150 天左右,营养生长期 200 天左右。

【适栽地区及品种适应性】 适应性广、抗逆性强、经济价值高的优新品种,可在辽宁省铁岭、抚顺以南及山东、山西、河北、宁夏、甘肃、内蒙古东南部等地栽培;新苹梨抗性强,抗寒性与苹果梨相同,抗病性优于苹果梨,对梨黑星病、黑斑病高抗。对土壤要求不严,耐粗放管理。

【栽培技术要点及注意事项】 宜选择不超过 25°的坡地或平地建园,避开风口地和低洼地;平地或低于 25°的坡地株行距以 2~

3米×4米为宜,山地株行距以2米×5~6米为宜;授粉树以苹果梨和朝鲜洋梨为宜,按8:1配置;树形采用纺锤形,定干高度60~70厘米,第一层留4个主枝,第二层留3个主枝,第三层留2个主枝后落头,树高控制在3米左右;从定植第二年起,于每年6月中旬将长度超过60厘米的主枝(新梢)拉至70°~80°角,及时疏除主枝头的并生枝及竞争枝。栽后5年完成整形。主枝过长与邻树相交时,可回缩到3~4年生枝有花芽处;进入盛果期后,要注意及早疏花疏果,疏花越早越好,第一次疏果应在落花后1周左右进行,第二次在生理落果结束后的6月上旬进行,要注意合理负担,每序留单果,枝果比为4~5:1。由于新苹梨高抗黑星病和黑斑病,所以,生产中以防治轮纹病和食心虫类害虫为主。于萌芽前10~15天喷1次3~5波美度石硫合剂,预防轮纹病,生长季做好病虫害预测预报工作,发现病虫害尽早防治。肥水管理按常规进行。

【供种单位】 辽宁省农业科学院果树科学研究所。

(十一)秦 丰

【品种来历】 西北农林科技大学园艺学院果树研究所通过有性杂交培育的高产、优质、晚熟、耐贮的新品种。亲本为慈梨×象牙梨,1988年通过陕西省农作物品种审定委会员审定。

【品种特征特性】

(1)果实经济性状 果实大,平均单果重250克,最大可达500克。果实长椭圆形,果皮绿色,贮后变为黄色,外观整齐漂亮。果面平滑,有蜡质光泽。果点中大而多。果梗长5.6厘米,粗2.6米米。梗洼浅狭,有少量条锈,萼片脱落,萼洼深,中广。果心中大,5个心室。果肉乳白色,肉质细嫩、酥脆,石细胞少,汁液多,味酸甜,品质上等。可溶性固形物含量13.8%~15%,总糖7.6%~9.11%,可滴定酸0.18%~0.25%。果实耐贮性强,一般室温下可贮至翌年2~3月。

(2)植物学特征　树冠阔圆锥形,树姿半开张,主干灰褐色。1年生枝绿褐色。嫩叶淡红色,叶片大,纵径15.5厘米,横径8.8厘米,阔圆形。叶色深绿色,叶缘具锐锯齿。每花序6朵花,花冠白色。

(3)生物学特性　萌芽率高,成枝力也高,剪口下可抽生4~6个长枝。1年生枝平均长96.1厘米,粗0.48厘米,节间较长。开始结果较早,一般定植后3~4年开始结果,自花不结实。幼树以长中枝及腋花芽结果为主。盛果期以短果枝结果为主,腋花芽结果能力强,短果枝占66%,长果枝占20%,中果枝占12%,腋花芽占2%。花序坐果率高,花朵坐果率中等。每果台平均坐果1~2个。采前落果轻,丰产,大小年程度轻。

在陕西眉县地区,3月上旬花芽萌动,3月下旬初花,4月初盛花,4月上中旬终花,花期8天,9月中旬果实成熟,果实发育期160天。11月中旬落叶,营养生长期220天。

【适栽地区及品种适应性】　适应性广,抗旱、耐涝、抗寒,在气候干燥的干旱地区生长良好。抗轮纹病和腐烂病能力中等。适宜在黄土高原及干燥少雨地区栽培,湿度大的地区不宜栽培。

【栽培技术要点及注意事项】　秦丰梨生长健旺,树冠扩大快。在乔化砧木条件下,株行距以3米×4米为宜,采用小冠疏层形整形修剪;在矮化砧木条件下,株行距以2米×4米为宜,采用细长纺锤形整形修剪。幼树应结合夏季修剪,对强旺枝用拉水平、辅养枝环割等办法,促使花芽形成。盛果期要加强肥水管理,并注意结果枝组的培养和更新。授粉树以雪花梨、金花梨较好。果皮转为绿黄色即可采收,不宜采收过早,否则影响其外观和品质,如采收过晚则贮藏率降低。秦丰梨品质优,易受食心虫类为害,应及时防治,多雨年份要重视黑星病的防治。

【供种单位】　西北农林科技大学园艺学院果树研究所、中国农业科学院果树研究所。

(十二)金花4号

【品种来历】 系金花的1个优良品系。金花是1959年四川省果树研究所与金川县农业局在果树种质资源调查中共同发现的,1975定名。1976年,四川省农学院与金川县农业局合作,又进行了金花的芽变选种,其中76-4果实品质及其产量等性状表现尤为突出,所以定名为金花4号。北京、辽宁、河北、四川等省、市栽培较多,其它省、市、自治区也有少量栽培。

【品种特征特性】

(1)果实经济性状　果个很大,平均单果重378.5克;果实长卵圆形或椭圆形,果皮黄色,果面平滑,有蜡质光泽,无果锈,果点中大;梗洼深度中等、狭,周围有少量秀锈,萼洼中深中广、有沟棱,萼片脱落;果肉白色,肉质较细,石细胞少,松脆多汁,风味甜,果心小,可溶性固形物含量11.8%~16.8%,品质上等。

(2)植物学特征　树冠圆头形,树姿幼树直立,结果后开张;主干表面粗糙,纵裂,灰褐色;多年生枝较为光滑,棕色;1年生枝黄褐色,叶芽圆锥形,花芽卵圆形;幼叶深红色,叶片绿色、卵圆形,抱合,叶缘细锐锯齿具刺芒,叶尖长尾尖,叶基宽楔形或圆形;每花序6.75朵花,花蕾淡粉红色,花冠白色,花瓣圆形、重叠,花药紫红色。

(3)生物学特性　树势强;13年生树干周37厘米,树高4.7米,新梢平均长75.4厘米,萌芽率高达87.8%,发枝力较弱;长果枝占35%,中果枝占11%,短果枝占54%;果台连续结果能力为39%;花序坐果率高达91.6%,每花序平均坐果2~5个;采前落果程度很轻。定植后第三年即可结果,6~7年生树产量可达30~37.5吨/公顷。

在辽宁兴城4月上旬花、叶芽萌动,5月上旬盛花,花期7~10天;6月上旬新梢停止生长,10月中旬果实成熟,11月中旬落叶。

果实发育期159天,营养生长期221天。

【适栽地区及品种适应性】 适于在东北、华北、华东、西北、西南等白梨适栽的广大梨产区栽培,发展前景良好。适应性较强,既耐高温多湿,又抗寒、抗旱。抗病力较强,能抗黑星病、叶斑病、心腐病、轮纹病的侵害,但对锈病、蚜虫、梨木虱抗性较弱。

【栽培技术要点及注意事项】 栽植行株距以4~6米×2~4米为宜。授粉品种以苍溪雪梨、五九香、锦丰等为宜。采用主干或小冠疏散分层形整形,幼树以轻剪长放为主,并通过拉枝以开张角度,促进花芽形成。对内膛着生过密枝、细弱枝和竞争枝,应适当疏除,以改善通风透光,提高坐果率和果实品质;盛果期大树必须进行疏花疏果。两花序间距离以25厘米为宜,每花序留单果。应坚持秋施基肥,视天气与土壤墒情,花前、新梢旺长期、果实膨大期、上冻前均要灌水。在采前30天左右要严格控制灌水,以提高果实糖度。

【供种单位】 中国农业科学院果树研究所。

第二节 砂 梨

一、早熟品种

(一)翠 冠

【品种来历】 浙江省农业科学院园艺研究所育成,亲本为幸水(♀)×(杭青×新世纪,♂)。1999年通过浙江省农作物品种审定委员会审定,2003年获浙江省科学技术进步二等奖。目前,在浙江、上海、江西、安徽、福建、四川等省(市)栽培较多,甘肃、江苏等省也有少量栽培。

【品种特征特性】

(1) 果实经济性状　果个大,平均单果重230克,最大果重500克;果实长圆形,果皮黄绿色,果面平滑,有蜡质光泽,于南方梨区有少量锈斑;果点在果面上部稀疏,下部较密;梗洼中广,萼洼深而广,萼片脱落;果肉白色,肉质细腻酥脆,汁多,味甜;果心较小,石细胞少,可溶性固形物含量11.5%~13%,综合品质上等。

(2) 植物学特征　树冠圆锥形,树姿较直立;多年生枝光滑,深褐色;1年生枝绿褐色;叶片长椭圆形、深绿色;叶缘细锐锯齿具刺芒,叶尖渐尖,叶基圆形;每花序5~10朵花,花冠白色,花瓣5瓣,花药玫瑰红色。

(3) 生物学特性　树势强健;5年生树干周21厘米,树高2.9米,新梢平均长133.7厘米;萌芽率高,发枝力较强;以长、短果枝结果为主,且易形成腋花芽,丰产性良好,一般定植后第二年即可结果。

在浙江杭州3月中下旬芽萌动,4月上中旬盛花,花期10天左右;6月上旬新梢停止生长,7月下旬至8月上旬果实成熟,11月中下旬落叶。果实发育期105~115天。

【适栽地区及品种适应性】　适于在华东、华南、华中、西南等砂梨适栽的广大梨产区栽培。适应性较强,山地、平地、河滩均可种植;既耐高温多湿,又耐干旱并抗裂果。抗病力强,对黑星病、锈病、黑斑病、轮纹病具有较强的抗性。

【栽培技术要点及注意事项】　翠冠梨树势强健,行株距以4米×4米、5米×4米为宜;授粉树可用黄花、翠伏、新雅等品种。采用疏散分层形整形修剪。定干高度可适当降低到45~60厘米。幼树修剪除中央领导枝及延长枝适当短截外,其它侧枝应适当轻剪长放,并开张角度,促进花芽形成。盛果期树需进行适度回缩或疏剪,以改善通风透光条件。进入盛果期应进行疏花疏果。因翠冠果面易形成锈斑,通过套袋可改善果面状况,减少果锈发生,且套袋前切勿喷乳剂杀虫药,应尽量选用粉剂或水剂杀虫药。生产中应注意加强适宜纸袋种类、规格的筛选及套袋时间等项配套技术的试验与总结。在经济欠发达、套袋栽培尚未推广的地区不宜大面积栽培。

【供种单位】 浙江省农业科学院园艺研究所。

(二)西子绿

【品种来历】 浙江大学农业与生物技术学院园艺系培育而成,亲本为新世纪(♀)×(八云×杭青,♂)。1996年通过专家鉴定。南方省、市栽培较多,北方省、市、自治区也有少量栽培。

【品种特征特性】

(1)果实经济性状 果个中大,平均单果重190克,最大单果重300克;果实扁圆形,果皮浅绿色,贮放一段时间后变为金黄色,果面清洁无锈,果点小而少,有蜡质,光洁度好,外形美观;梗洼中深而陡,萼洼浅而缓,萼片脱落;果心较小、扁圆形,果肉白色,肉质细嫩、酥脆,石细胞和残渣少,汁液丰富,风味甜,有香气,可溶性固形物含量10%~12%,品质极优。果实较耐贮运,常温下可贮放7~10天,在冷藏条件下可贮藏60天以上。

(2)植物学特征 树姿较开张;树皮光滑,多年生枝黄褐,1年生枝棕褐色;嫩叶黄绿色,稍带茸毛,托叶细长;叶片椭圆形,叶尖渐尖,叶基圆形,叶缘有较浅的锯齿;花瓣白色,花药浅紫色,每花序平均8朵花。

(3)生物学特性 树势中庸,4年生树树高3.2米;萌芽率和成枝力中等,以中短果枝结果为主;幼旺树有腋花芽结果,每果台抽生2个副梢,连续结果能力中等;自然授粉条件下平均每花序坐果2~3个。但在长江以南地区,常因需冷量不足,花芽分化不良。在浙江杭州地区花芽开绽期3月9~11日,初花期3月末,盛花期4月2~5日,终花期4月5~16日,花期长,谢花后花瓣不立即凋落;果实成熟期7月末8月初。果实发育期120天,落叶期11月份。

【适栽地区及品种适应性】 除可在长江以南地区栽培外,在北方梨区花芽分化良好,可引种试栽。西子绿在南方多雨地区对裂果抗性强,在常规管理条件下对黑星病、锈病抗性较强。梨茎蜂、蚜虫为害相对较轻。

【栽培技术要点及注意事项】 定植株行距以3米×4~5米为宜;可以黄冠、早酥、中梨1号等品种作为授粉树;树形可采用疏散分层形;严格疏花疏果。西子绿树势中庸,宜选择土壤好的园地栽植,注意加强肥水管理。在北方梨区,7~8月份应注意排洪、抗旱,高温干旱季节注意灌溉,以免叶片或果实产生日灼。

【供种单位】 浙江大学农业与生物技术学院园艺系、中国农业科学院果树研究所。

(三)鄂梨1号

【品种来历】 湖北省农业科学院果树茶叶蚕桑研究所培育而成,亲本为伏梨(♀)×金水酥(♂)。2002年通过湖北省农作物品种审定委员会审定。在湖北、河南、安徽等省栽培较多,其它省、自治区也有少量栽培。

【品种特征特性】

(1)果实经济性状 果实大,平均单果重230克;果实近圆形,果皮绿色,果面平滑洁净,果点小、中多。梗洼中深、中广,萼片宿存,萼洼中深而广。果肉白色,肉质细嫩,石细胞少,松脆多汁,风味甜;果心小,可溶性固形物含量10.6%~12.1%,总糖7.88%,总酸0.22%,品质上等。果实较耐贮藏,室温下可贮放20~30天,在冷藏条件下可贮藏60天以上。

(2)植物学特征 树冠阔圆锥形,树姿开张;1年生枝绿褐色;叶片长10.59厘米,宽6.09厘米;平均每花序8.53朵花,花冠白色,花瓣5瓣,花柱5个。

(3)生物学特性 新梢平均长76.31厘米,粗0.72厘米,节间长3.71厘米;萌芽率极高(71%),成枝力弱,剪口下抽生15厘米以上长枝2.1个;幼树以腋花芽结果为主,盛果期以中短果枝结果为主,果台连续结果能力中等(为10.37%);自然授粉条件下,平均每花序坐果2.2个;无采前落果现象。

在湖北武汉3月上旬花芽萌动,3月底盛花,4月上旬终花,7月上旬果实成熟,11月上旬落叶。果实发育期89天。

【适栽地区及品种适应性】 适于在高温、雨水偏多的长江流域栽培。抗病性较强,对梨茎蜂、梨实蜂和梨瘿蚊抗性较强。

【栽培技术要点及注意事项】 定植前抽槽改土,施足有机肥。栽植行株距以4米×2米为宜,可根据土壤肥力适度增减。授粉树可用早酥、湘南等品种,比例以3~4:1为宜。采用疏散分层实整形;幼树轻剪,适度短截,促进分枝,并注意拉枝,培养牢固骨架,配备大、中、小型结果枝组;盛果期对结果枝组回缩更新复壮。秋季重施基肥,1千克果施1~2千克有机肥;2月中旬(萌芽前20天)施速效氮肥催芽;5月中旬施复合肥壮果。注意疏花疏果,疏花疏果结合花前花后复剪进行,5月中旬定果,每果台留果1~2个,最好留第二至第四序位上的果实。综合防治病虫害,防止过早落叶及二次花。

【供种单位】 湖北省农业科学院果树茶叶蚕桑研究所。

(四)鄂梨2号

【品种来历】 湖北省农业科学院果树茶叶蚕桑研究所于1982年采用远缘杂交技术,从中香和43-4-11(伏梨×启发)的杂交后代中选育出的早熟梨品种。2002年通过湖北省农作物品种审定委员会审定。

【品种特征特性】

(1)果实经济性状　平均单果重200克,最大果重330克,果实整齐;果实倒卵圆形,纵径8.44厘米,横径7.23厘米,果形指数1.17;果梗长4.89厘米,粗0.27厘米,细长柔韧,梗洼中深、中广,萼片脱落,萼洼中深、中狭,果皮黄绿色,果点小、少,果面光滑,外观美;果肉洁白,肉质细嫩酥脆,石细胞少,汁多,味甜,具香气,可溶性固形物含量12%~14.7%,总糖7.76%,总酸0.14%~0.16%;果心极小,果心闭合,5心室。果实耐贮藏。

(2)植物学特征　树姿半开张;1年生枝黄褐色;叶片长11.53厘米,宽6.61厘米;平均每花序5.5朵花,花瓣5枚。

(3)生物学特性　新梢平均长99厘米,粗0.78厘米,节间长3.45厘米;萌芽率79.5%,成枝力3.4个。自花不结实。平均每果台坐果1.8个,每果台发副梢0.85个,果台连续结果率12.77%。幼树以腋花芽结果为主,盛果期以短果枝、腋花芽结果为主。早果性好,丰产稳定,栽后第三年开花株率为97.4%,平均株产4.9千克,第四年株产13.5千克,产量为16.8吨/公顷。无采前落果和大小年现象。

在湖北武汉地区叶芽萌动期为2月底至3月上旬,花芽萌动期2月下旬,盛花期3月中下旬,果实成熟期7月中下旬,落叶期11月上中旬,果实发育期106天。

【适栽地区及品种适应性】　适于在高温、雨水偏多的长江流域栽培。田间表现抗黑斑病能力较强。

【栽培技术要点及注意事项】　定植前抽槽改土,施足底肥。定植株行距为2米×4米,以金水2号做授粉树,配植比例4:1。按疏散分层形整形。幼树轻剪,多拉枝,适度短截,培养牢固骨架和结果枝组;盛果期注意更新复壮。秋季重施基肥,1千克果施1~2千克农家肥;萌芽前20~30天施速效氮肥做催芽肥;5月中旬施复合肥做壮果催花肥;6~7月注意灌水,促果实膨大和品质提高。疏花疏果结合花前(后)复剪进行,5月中旬定果,每果台留果1~2个,最好留第二至第四序位上的果实。综合防治病虫害,防止过早落叶及二次叶和二次花。

【供种单位】 湖北省农业科学院果树茶叶蚕桑研究所。

(五)金水酥

【品种来历】 湖北省农业科学院果树茶叶蚕桑研究所培育而成,亲本为金水1号(♀)×兴隆麻梨(♂)。1985年通过鉴定并定名。在湖北、河南、安徽等省栽培较多,其它省、自治区也有少量栽培。

【品种特征特性】

(1)果实经济性状 果实中大,平均单果重151.5克;果实圆形或倒卵圆形,果皮绿色,果面较平滑,无光泽、略具果锈,果点中等大小、密集;梗洼中深、中广,萼洼浅而广,萼片脱落;果肉白色,肉质细嫩,松脆多汁,风味酸甜适口;果心小,石细胞少,可溶性固形物含量12.2%,品质上等。果实不耐贮藏,室温下可贮放20~30天,在冷藏条件下可贮藏60天以上。

(2)植物学特征 树冠阔圆锥形,树姿较开张;枝干较光滑,灰褐色;多年生枝较光滑,灰褐色;1年生枝褐色;幼叶淡红色,叶片深绿色、卵圆形、平展,叶缘细锐锯齿具刺芒,叶尖长尾状渐尖,叶基宽楔形或卵圆形,花冠白色,花瓣5瓣,花柱5个。

(3)生物学特性 树势中庸;成年树干周46厘米,树高3.6米,新梢平均长78.3厘米;萌芽率中等(60.71%),剪口下抽生长枝2.7个,成枝力弱;以短果枝结果为主(94%)、中果枝占3%左右,果台连续结果能力较强;自然授粉条件下,花序坐果率高达79.7%,花朵坐果率高达25.2%,每花序平均坐果2.5个;采前落果很轻。

在湖北武汉2月下旬花芽萌动,3月下旬盛花,4月上旬终花,花期23天左右;6月中旬新梢停止生长,7月中旬果实成熟,11

月中旬落叶。果实发育期110天,营养生长期228天。

【适栽地区及品种适应性】 适于在降水量较少的鄂北、河南、皖北、陕南等地区栽培。在雨水偏多的长江流域栽培,果面锈斑严重,应慎重发展。适应性一般。在高温、高湿的环境中栽培,裂果现象十分严重;在雨量少的鄂北地区栽培,裂果较轻,也较高产。抗病性一般,抗虫力较强;易感黑斑病,虽叶片感病脱落较早,但返青、返花现象不严重,果实感病后常常引起裂果;对梨蚜、红蜘蛛、梨木虱抗性较强。

【栽培技术要点及注意事项】 栽植行株距以4米×3米为宜,可根据土壤肥力适度增减。授粉树可用金水2号、早酥、二宫白、华梨1号等品种。采用疏散分层形整形。修剪以轻剪为主,前期应注意开张主枝角度,以促进花芽形成、提高早期产量;进入结果期后,对内膛着生过密的枝组和细弱的单轴延伸枝组应进行适当回缩和疏剪,以改善通风透光、控制结果部位外移、提高果实品质;为持续丰产及提高果品质量,需进行疏花疏果。疏花以花序间距不小于20厘米为宜;疏果宜于5月上旬完成。因该品种有果锈,疏果完成后最好立即套袋;金水酥抗黑斑病能力弱,可通过冬季清园、加强肥水管理、增施有机肥、生长季节及时喷药等措施进行防治。

【供种单位】 湖北省农业科学院果树茶叶蚕桑研究所。

(六)华梨2号

【品种来历】 华中农业大学园艺林学学院果树系培育而成,亲本为二宫白(♀)×菊水(♂)。2002年通过湖北省农作物品种审定委员会审定。在湖北、重庆、四川、安徽、江苏、浙江、上海等省、市栽培较多,河南、山东、陕西等省也有少量栽培。

【品种特征特性】

(1)果实经济性状 果实中等大小,平均单果重180克,最大果重400克;果实圆形,果面黄绿色,光洁、平滑,有蜡质光泽,果锈少;果皮薄,果点中大、中密,外观较为漂亮美观;梗洼浅而狭,萼洼中深、中广,萼片脱落;果肉白色,肉质细嫩酥脆,汁液丰富,酸甜适度;果心小,石细胞很少,可溶性固形物含量12%,品质上等。果实较耐贮藏,室温下可贮放20天,在冷藏条件下可贮藏60天以上。

(2) 植物学特征　树冠较小,圆头形或圆锥形,树姿开张;枝干粗糙,灰褐色;多年生枝粗糙,灰褐色;1年生枝红褐色,弯曲,较稀;叶芽小而细长,花芽长椭圆形;叶片长椭圆形,叶姿平展或抱合,叶缘细锐锯齿无刺芒,叶尖渐尖或长尾尖,叶基阔楔形;花蕾淡粉红色,花冠白色,花瓣卵圆形。

(3) 生物学特性　树势中庸;新梢长82.7厘米;萌芽率较高,发枝力中等;幼树以长果枝、成年树以短果枝结果为主,果台连续结果能力较强;花序坐果率高达90%,花朵坐果率中等为25%以上,自然授粉条件下每花序平均坐果2.16个;采前落果很轻,并具结果早、高产稳产等特性,定植后第三年即可结果,5~6年生树产量可达30吨/公顷。

在湖北武汉3月上旬芽萌动,3月中旬初花,3月下旬盛花,花期10天左右;5月下旬至6月中旬新梢停止生长,7月中旬果实成熟,10月下旬落叶。果实发育期99~105天,营养生长期230天。

【适栽地区及品种适应性】　适于在华中、华东、西南等南方砂梨适栽的梨产区栽培,特别适于在这些梨产区的大、中城市近郊丘陵山区和交通便利的地区建立鲜果生产基地。适应性较强。耐高温多湿,在肥水管理条件较差和负载过量等情况下果个偏小。抗病力一般,对黑星病和黑斑病的抗性强于双亲。

【栽培技术要点及注意事项】　栽植行株距以4米×1.5~2米为宜。授粉品种可选用金水2号、鄂梨2号、华梨1号、湘菊等。由于其树势中庸,宜采用小冠疏散分层形。幼树期宜多留长放,以增加早期产量;盛果期宜适度重剪,以维持健壮树势。注意疏花疏果,以幼果间距20厘米为宜,因其易感黑星病,应注意做好防治工作。

【供种单位】 华中农业大学园艺林学学院果树系。

二、中熟品种

(一)丰 水

【品种来历】 日本农林水产省果树试验场1972年以(菊水×八云,♀)×八云(♂)杂交育成。20世纪80年代引入我国。浙江、重庆、江苏、安徽、河南、河北、北京、天津等地均有栽培。

【品种特征特性】

(1)果实经济性状 果实大,单果重300~350克;果实近圆形,果皮浅黄褐色,阳面微红,果面粗糙,有棱沟,果点大而密,但不明显;梗洼中深而狭,萼洼中深、中广,萼片脱落;果皮较薄,果肉乳白色,肉质细嫩爽脆,汁多味甜,可溶性固形物含量11%~13.5%;果心较小,石细胞及残渣少,品质上等。果实在常温下可存放10~15天,在1℃~4℃条件下可贮存4个月。

(2)植物学特征 树冠纺锤形,树姿半开张;主干灰褐色,1年生枝黄褐色;叶片卵圆形,叶尖渐尖,叶基圆形,叶缘具粗锯齿,有刺芒;花白色,平均每花序5朵花。

(3)生物学特性 幼树生长旺盛,进入盛果期后,树势趋向中庸;5年生树高2.5米;萌芽率较高,成枝力弱;幼树以腋花芽和短果枝结果为主,盛果期树以短果枝群结果为主;易成花,结果早,较丰产,6年生树产量达1 750千克/667平方米。自花授粉条件下坐果率较低,需配置授粉树。

在冀中南地区,3月中下旬花芽萌动,4月上中旬盛花期,花期持续5~6天;新梢5月底至6月上旬生长最快,6月底基本停止生长;8月底至9月初果实成熟,11月上中旬落叶。果实发育期125天左右。

【适栽地区及品种适应性】 除适宜在种植砂梨的地区栽培外,在晋、冀、鲁、豫等地均生长结果良好;因其果皮褐色,如不套袋,外观品质极为不佳,应适度发展。适应性较强,抗黑星病、黑斑病,成年树树干易感轮纹病。

【栽培技术要点及注意事项】 株行距以3米×4米为宜,授粉树可用黄冠、中梨1号、早酥、华酥等经济效益较高的品种。宜采用低干矮冠的疏散分层形;因其成枝力弱,对1～3年生幼树应适当重短截,以促发新枝和加速树冠形成。为维持强健树势,主枝的角度不宜开张过大,以60°～70°为宜;对结果枝组及时进行更新复壮,以维持树势平衡。因该品种坐果率高,树势易衰弱,应加强肥水管理,可采用秋施基肥与追肥(氮、磷、钾适当配合)相结合;雨季需注意排水,如降水量过大或灌水过多,对品质有较大影响。严格疏花疏果,套袋栽培可使果面光洁、色泽美观。注意做好轮纹病、梨锈病、梨木虱、金龟子及梨小食心虫等病虫害的防治工作。

【供种单位】 中国农业科学院果树研究所。

(二)黄 花

【品种来历】 浙江大学农业与生物技术学院园艺系杂交育成的中熟梨新品种,亲本为黄蜜(♀)×三花(♂)。1974年通过鉴定,1987年"黄花梨的研究和推广"项目获农业部科技进步三等奖。

【品种特征特性】

(1)果实经济性状 果个大,平均单果重216克,最大果重可达400克;果实近圆形至圆锥形,果皮黄褐色,套袋后呈黄色,果皮较薄,果面平滑,果点中大、中密;梗洼中深、中广,萼洼中深、中广,有肋状突起,萼片脱落或宿存;果肉洁白色,肉质细,石细胞少,无渣,脆嫩多汁,风味甜,具微香;果心中等大小,可溶性固形物含量11.4%,品质上等。果实在室温下不耐贮藏,在冷藏条件下可贮藏60天以上。

(2)植物学特征　树冠半圆形,树姿半开张;主干光滑,灰褐色;1年生枝黄绿色;叶芽三角形,花芽椭圆形,幼叶浅红色,叶片深绿色、卵圆形或椭圆形,叶姿平展微内卷,叶缘粗锐锯齿具刺芒,叶尖渐尖,叶基楔形;平均每花序5.6朵花,花蕾粉红色,花冠直径3.8厘米、白色,花瓣卵圆形,花药紫红色。

(3)生物学特性　树势强健;新梢平均长69.4厘米;萌芽率高,发枝力强;易形成短果枝和腋花芽,果台副梢具有连续结果能力,易形成短果枝群;每花序平均坐果1.3个,采前落果轻。定植后第二年即有部分树结果,6～7年生树产量可达30～37.5吨/公顷。

在浙江杭州3月上旬芽萌动,3月中下旬展叶,3月中旬初花,3月下旬盛花,花期15～20天;6月上中旬新梢停止生长,8月中旬果实成熟,11月下旬落叶。果实发育期133天,营养生长期250天。

【适栽地区及品种适应性】　适于在长江流域及其以南砂梨适栽的梨产区栽培。适应性较强,在平原、丘陵和海涂等不同的土壤、土质条件下均能栽培,并生长良好。抗逆性强,既耐高温多湿,又耐夏季干旱。抗病力强,对黑星病、黑斑病和轮纹病的抗性较强,受食心虫和吸果夜蛾的为害较轻。

【栽培技术要点及注意事项】　黄花树冠中等大小,栽植行株距以4米×2.5～3米为宜。授粉树可配置杭青、新世纪、翠伏、翠冠、雪青、新雅、华梨1号等品种。树形以疏散分层形为主,各梨产区应因地制宜,可采用纺锤形、开心形等树形;但需注意短剪与长放相结合,并加强肥水管理,合理负载,调节好生长与结果的关系,保证连年丰产稳产;病虫害防治采取预防为主、防治结合的方针,施用高效低毒类农药,禁用剧毒农药。应按成熟度标准适时采收,不宜提早采收,以免影响品质。

【供种单位】 浙江大学农业与生物技术学院园艺系。

(三) 新 水

【品种来历】 日本静冈县兴津町农林省园艺试验场用菊水(♀)×君塚早生(♂)杂交培育而成。代号农林4号,1956年命名发表。在我国广大梨产区有零星栽培。

【品种特征特性】

(1)果实经济性状　果个大,平均单果重150克左右,最大果重250克;果实扁圆形,果皮淡黄褐色,果点中大而多;梗洼中深、中广,萼洼深狭,萼片脱落或残存;果肉乳白色,肉质细嫩柔软,汁液丰富,石细胞少,风味甜;果心中等大,可溶性固形物含量11%~13.5%,品质上等。果实不耐贮藏,货架期7天左右。

(2)植物学特征　1年生枝褐色,较粗壮;叶芽三角形,贴生,嫩叶绛红色,茸毛多,幼枝浅褐色,披被白色茸毛;叶片卵圆形,绿色,新叶边缘红色,叶尖尾尖,叶基心脏形,叶缘具粗大锯齿,具刺芒;每花序平均7朵花,花蕾红色,花冠白色,单瓣或重瓣,萼片5枚,花序具白色茸毛、较密。

(3)生物学特性　树势强健,直立,新梢生长旺盛,萌芽率较高;成枝力弱,发育枝剪口下抽生1~2个长枝;始果年龄较早,一般定植2~3年开始结果,6年即可进入盛果期;以短果枝结果为主,4~5年生树长果枝31%,中果枝8%,短果枝61%,腋花芽较多。果台连续抽枝能力弱,无枝果台占70%以上,且抽生的果台副梢几乎不能形成花芽,而成为叶丛枝;果台连续结果能力弱,树势较强的旺树也仅有10%左右的果台能连续结果,极易形成鸡爪状的短枝群;且寿命短、不易维持,树势也极易衰弱。

在华北地区叶芽萌发期3月下旬至4月上旬,开花期4月上中旬(上旬初花、中旬盛花),花期可维持7天左右,果实采收期8月上旬,果实发育期110天左右,落叶期11月上中旬。

【适栽地区及品种适应性】 在长江流域及黄河流域的大部分梨产区均可正常生长结果,对土壤、栽培条件要求较高,极易早衰;耐高温能力较差,叶片、果面易形成日灼;因其花期相对较晚,一般不易受晚霜危害;较抗黑星病,不抗黑斑病和轮纹病;盛果期树势衰弱易造成病害大发生。其果皮褐色,外观品质欠佳,如在适宜区栽培,建议在加强肥水的同时,进行套袋栽培。

【栽培技术要点及注意事项】 宜选择降水量较少,土层深厚,排水、灌水条件好的园地栽培;栽植密度以3米×5米为宜,并注意适当配置金二十世纪、雪花梨、砀山酥梨、黄冠、中梨1号等品种作为授粉树;由于其连续结果能力差、短果枝群寿命短、结果部位极易外移,所以,宜采用纺锤形或小冠疏散分层形整形;幼树期应对各级新梢适度重短截,以促发分枝;进入盛果期,需对各类结果枝进行适当重回缩,对鸡爪状的短枝群要及早"破爪"以促发新梢、培养新的结果枝;主枝的延伸不宜过长,以防基部秃裸;中心领导干和主枝延长枝不可过强,否则极易造成上强下弱及结果部位外移;加强土肥水管理,于果实采收后每株施入100千克左右有机肥,并通过生草、覆盖、间作等方式进行土壤改良;该品种对环境及栽培条件要求较严、结果过多极易使树势衰弱,必须进行疏花疏果,疏花自花序露出即可进行,于花蕾期完成为宜,无晚霜危害地区采用疏蕾定果的方法;疏果于5月中下旬完成,尽管其果形较小,幼果间的距离仍以不小于25厘米为宜;留果除要求果形端正、无病虫害和机械伤外,应以第三至第四序位为主。

【供种单位】 中国农业科学院果树研究所。

(四) 幸 水

【品种来历】 日本品种,亲本为菊水(♀)×早生幸藏(♂)。

【品种特征特性】

(1)果实经济性状 果实中大,平均单果重200克;果实扁圆形;果皮暗褐色,较粗糙;果心小或中大;果肉白色,肉质细嫩,松脆多汁;石细胞少,可溶性固形物含量12.3%,风味甜,品质上等。

(2)植物学特征 树冠半圆形,树姿半开张。主干灰褐色。1年生枝褐色,叶芽三角形;嫩叶浅红色,成熟叶片卵圆形,绿色,叶尖尾尖,叶基心脏形,叶缘具刺芒。每花序7~8朵花,花蕾红色,花冠白色,花药紫红色。

(3)生物学特性 树势稍强,枝条生长旺盛、但稍细,萌芽率中等,发枝力弱。以短果枝结果为主,并有中长果枝结果。着生花芽中等,腋花芽少。定植第三年结果。果台副梢抽生能力中等,大多抽生1个,而且弱小,2~3年枯死。每果台坐果1~2个,产量中等。

【适栽地区及品种适应性】 长江、黄河流域的梨产区均可正常生长结果,但应在土质肥沃、经济实力较强、技术力量较高的地方栽培。抗黑斑、黑星病能力比较强。抗旱、抗风力中等。

【栽培技术要点及注意事项】 树冠偏小,株行距以2.5~3米×4米为宜。树形宜采用疏散分层形。幼树期应对各级新梢适度重短截,以促发分枝,进入盛果期,需对各类结果枝进行适当重回缩,并加强肥水管理。

【供种单位】 中国农业科学院果树研究所

三、晚熟品种

(一)华梨1号

【品种来历】 华梨1号(原代号78-4474)是华中农业大学园艺林学学院果树系以日本梨湘南为母本,江岛为父本杂交育成的晚熟、丰产、优质梨新品种。1997年通过湖北省农作物品种审定委员会审定。

【品种特征特性】

(1) 果实经济性状 果实广卵圆形，平均单果重310克，最大果重700克以上，果形端正，果面浅褐色，果点较大，果皮中厚；果柄较长，平均3.65厘米，萼片脱落；果心中大；果肉白色，肉质细腻、松脆，汁液多，甜酸适度，品质优良。可溶性固形物含量12%~13.5%，可滴定酸0.09%~0.11%。较耐贮运，室温条件下可贮存20天左右。

(2) 植物学特征 树势强健，树姿较开张。多年生枝青褐色，1年生枝深褐色，枝粗壮，节间较长，皮孔中大、黄褐色，叶片较大、长卵圆形，叶尖渐尖，叶缘单锯齿、略向内抱合，叶柄长约4.7厘米。花冠粉红色，每个花序有7~9朵花。

(3) 生物学特性 新梢平均长44.2厘米，粗0.44厘米。萌芽率90%，发枝力偏低。初结果树以中长果枝结果为主，盛果期树以短果枝结果为主(70%以上)，中果枝20%左右，长果枝10%以下。花序坐果率90%左右，平均每果台坐果为1.7个，果台副梢约1.4个。连续结果能力强，无隔年结果现象。

在湖北省武汉地区3月上旬为萌芽期，3月中下旬为初花期，4月下旬为落花期，9月上旬为果实成熟期，12月初落叶。果实生育期160天左右。

【适栽地区及品种适应性】 适宜于长江中下游地区栽培。对黑斑病、枝干粗皮病及果实轮纹病有较强的抗性。

【栽培技术要点及注意事项】 抽槽整地，深翻改土，施足底肥，抬高栽植，保证幼树生长发育。合理密植，实行宽行密株，中度密植，一般采用行株距4~5米×2~3米。授粉树可选择湘菊、黄花等中花型品种。主栽品种与授粉品种比例为4~6:1。由于花芽容易形成，花序坐果率高，盛果期应及时疏花、疏果，调节花果量。一般指标为叶芽与花芽比3:1，枝果比3~4:1，叶果比20:1，

1个果台留1果,以提高品质,克服大小年结果。采用疏散分层形或变则主干形整形。幼树修剪中应抑长控冠,尽量长放,对骨干枝适度短截,培养树形。对过密或过弱枝适量疏枝,重点应多拉枝、多摘心,同时注意大中小型结果枝组的配置,勿使树冠无效延伸。对盛果期树及时回缩更新。

【供种单位】 华中农业大学园艺林学学院果树系。

(二)黄　金

【品种来历】 韩国1981年用新高×二十世纪杂交育成。20世纪末引入我国,各梨产区均有栽培,个别地区甚至出现了黄金热。

【品种特征特性】

(1)果实经济性状　果个大,平均单果重350克,最大单果重500克;果实近圆形,果形端正,果肩平;果皮黄绿色,贮藏后变为金黄色,套袋果黄白色;果面光洁,无果锈;果点小、均匀,萼片脱落或残存;果皮薄,果肉乳白色,肉质脆嫩,石细胞及残渣少,果汁多,风味甜,具清香;果心小,可溶性固形物含量12%～15%。在自然条件下贮藏,果肉极易变软,在1℃～5℃条件下,果实可贮藏6个月左右。

(2)植物学特征　树姿较开张;主干暗褐色,1年生枝绿褐色、柔软、弯曲,皮孔大而明显;叶片大而厚,卵圆形或长圆形;叶缘锯齿锐而密,嫩梢叶片黄绿色,这是区别其它品种的重要标志;当年生枝条和叶片无白色茸毛。该品种花器发育不完全,雌蕊发达,雄蕊退化,花粉量极少,生产中需配置授粉树。

(3)生物学特性　幼树生长势强,萌芽率低,成枝力弱,有腋花芽结果特性,易形成短果枝,结果早,丰产性好,一般幼树定植后第三年开始结果;大树高接后第二年的结果株率达80%以上;自然授粉条件下,花序坐果率70%,花朵坐果率20%左右。甩放是促进花芽形成的良好措施，1年生枝甩放，其叶芽大部分可形成花芽；但连年甩放树势极易衰弱。

在冀中南地区3月中旬花芽萌动，4月上中旬盛花期，花期持续10天左右；叶芽4月上旬萌动，9月中旬果实成熟，10月下旬落叶。果实发育期140~150天。

【适栽地区及品种适应性】 在山东胶东半岛和北京、河北、安徽等地均有一定数量的栽培，其中以河北省的高接面积为最多；但对肥水条件要求较高，且尤喜砂壤土，沙地、粘土及瘠薄的山地不宜栽培。果实、叶片抗黑星病能力较强。

【栽培技术要点及注意事项】 栽植株行距以2.5米×4米为宜。黄金梨花粉很少，必须配备2个以上品种的授粉树，主栽树与授粉树比例以5∶1为宜，可选用绿宝石、新高、水晶梨、丰水、黄冠等品种。加强肥水管理，重施基肥，每667平方米施腐熟的有机肥5 000千克，复合肥100千克。追肥宜在开花前、春梢迅速生长期、果实膨大期进行，以施三元复合肥、磷酸二铵为主；施肥后及时灌水。必须进行套袋栽培，否则，果点明显，且易形成锈斑，果面粗糙难看。纸袋以双层袋为宜，有条件的果园可采用两次套袋技术，且套袋时间越早越好，以尽可能减少外界对果实的刺激，较好改善其外观品质。连年结果后树势极易衰弱，在严格疏花疏果、控制产量的基础上，还需适度重剪，以保证树势健壮；应注意背上枝的利用，并在适当部位培养预备枝，以作为大、中型结果枝组的更新用。

【供种单位】 中国农业科学院果树研究所。

（三）金二十世纪

【品种来历】 又名王子二十世纪。日本农林水产省农业生物研究所放射育种场于1962年通过α-射线缓慢照射二十世纪枝条、诱发基因突变培育而成，属砂梨系品种。

【品种特征特性】

(1)果实经济性状　果个大,平均单果重300克,最大单果重500克;果实扁圆形,果皮绿黄色、贮后变为金黄色,果面较光滑,果点大而稀疏,萼片脱落或宿存;果肉黄白色,肉质致密而脆,贮藏后细软,汁多,味甜;可溶性固形物含量12.4%~15%;果心中大,石细胞及残渣少,综合品质上等,果实切开后有透明感。自然条件下可贮藏10~20天,冷藏可至元旦。

(2)植物学特征　树冠阔圆锥形,树姿半开张;主干棕褐色,1年生枝黄褐色;皮孔大而密;嫩叶深红色,茸毛多;叶片大而厚,长卵圆形,正反面皆有白色茸毛,先端弯曲,两侧稍向上卷,整个叶片呈下垂状;叶尖渐尖,叶基圆形,边缘具细锯齿,有刺芒;平均每花序7朵花,花蕾淡红色,花冠白色,花瓣圆形、较小,花药紫色,花粉量多。

(3)生物学特性　幼树生长势强,结果后长势减弱;枝条稀疏、直立;芽体饱满;并有多个顶花芽,且均可开花结实,1年生枝下部芽来年有死芽现象;萌芽率低,成枝力弱;以短果枝结果为主,短、中、长果枝比例分别为80%、15%和5%,成花容易,花量大,但腋花芽极少;果台副梢连续结果能力强;初果期树自然坐果率达60%,盛果期树坐果率略有下降。一般栽后第二年开花株率达85%。

在冀中南地区,3月中旬芽开始萌动,4月8日左右始花,4月12日左右为盛花期,单花开放时间可达6天。4月中旬新梢开始生长,5月10日左右进入展叶期,5月中旬进入旺长期,6月下旬新梢停止生长,9月上旬果实成熟,11月初落叶。果实发育期140天左右,营养生长期250天。

【适栽地区及品种适应性】　较适宜江淮地区栽培,在华北、西北地区虽可正常生长结果,但由于干燥、高温,叶片易产生日灼。该品种成枝力低、树势极易衰弱,对管理条件要求严。果面易生锈

斑,在栽培技术相对滞后及土壤肥力较差地区应慎重发展。抗黑斑病能力强,但二次生长枝有感病现象;该品种易感轮纹病和霉心病,并易在贮藏期发病,从而造成烂库。

【栽培技术要点及注意事项】 定植密度可为3米×4米或2米×3米,栽植时需施入充足的有机肥,以增强幼树生长势、促进树冠形成。该品种无自花结实能力,故需配置授粉树,以砂梨、白梨系统品种效果较好,如丰水、幸水及砀山酥梨等。树形宜采用纺锤形或小冠疏散分层形。该品种成枝力低,幼树期宜少疏枝,拉枝和缓放是成花的有效措施,并可提高萌芽率,从而避免内膛秃裸、结果部位外移。进入盛果期后应加大修剪量,尤其对小型结果枝组,宜适度重剪,以维持其良好的生长势及结果能力;加强土肥水管理,土壤粘重的园片应先掺砂客土,以使土质疏松;有机肥施用量每667平方米4 000~5 000千克,并掺入75~100千克的氮、磷、钾复合肥。生长期追肥及灌水、疏花疏果、套袋增质可参照幸水、丰水等品种。注意对黑星病、轮纹病及霉心病的防治。

【供种单位】 河北省农林科学院石家庄果树研究所。

(四)新 高

【品种来历】 原产于日本,由日本神奈川农业试验场用天之川×今村秋杂交育成,为砂梨系品种。我国北方梨产区均有栽培。

【品种特征特性】

(1)果实经济性状 果个大,平均单果重302.3克;果实扁圆形,果皮褐色,果面较光滑,果点中等大小、密集,萼片脱落;果肉乳白色,中等粗细,肉质松脆;果心小,石细胞及残渣少,汁液多,风味甜,可溶性固形物含量13%~14%,综合品质上等。果实耐贮藏,而且切开后果肉不易变褐。

(2)植物学特征 树形阔圆锥形,树姿半开张;枝条密度小,主干深褐色,有不规则裂纹,1年生枝褐色;叶芽贴生、矮胖,花芽圆形;嫩叶浅红色,茸毛中多;叶片卵圆形,叶尖渐尖,叶基圆形,叶姿平展,叶缘细锯齿、有刺芒;平均每花序 7 朵花,花冠白色,花药紫色,花粉量少。

(3)生物学特性 树冠较大,树势强健;枝条粗壮、较直立;成龄树新梢长度 58.5 厘米;萌芽率高;成枝力稍弱,剪口下可抽生 2.5 个 15 厘米以上的长梢;以短果枝结果为主,幼旺树有一定比例的中长果枝结果,并有腋花芽结果;每果台可抽生 1~2 个副梢,但连续结果能力较差;自然授粉条件下每花序平均坐果 2~3 个。

在冀中南地区 3 月中旬花芽萌动,4 月初盛花,花期持续 10 天。花期较早,易受晚霜危害。叶芽 4 月上旬萌动,6 月底新梢停长。9 月底 10 月初果实成熟,11 月上中旬落叶。生长期 170 天左右。

【适栽地区及品种适应性】 新高的适应性较强,在河北、河南、山东、山西及浙江、江苏等地均可栽培。因其果皮褐色,无袋栽培外观品质极为不佳,不易为消费者接受。较抗黑斑病,且抗旱、抗寒性较强;但不抗黑星病。由于成熟晚、果实味甜,易受鸟和金龟子的为害。

【栽培技术要点及注意事项】 定植株行距以 3 米×5 米为宜;因自花不结实,且花粉量少,故需要配置授粉树,宜选用鸭梨、京白、砀山酥、金花等花期较早的品种;树形以五主疏散分层形为宜;成龄树冠宜控制在 3.5 米以内;幼树期应多留长放,并需做好拉枝造型工作;进入盛果期后需进行严格的疏花疏果,以幼果空间距离不小于 35 厘米为宜,并对结果枝组进行必要的回缩更新;套袋栽培可明显提高果实外观品质,宜采用外黄内黑双层纸袋;因果实巨大,故所选纸袋应尽量大些,以不小于 17 厘米×19 厘米为宜;肥水管理可参照幸水、金二十世纪等品种;主要病害为轮纹病、黑星病和锈病,主要虫害有梨小食心虫、梨蚜、梨木虱、金龟子等,应选用高效低毒、低残留药剂;由于果实糖量高,易遭鸟啄,应注意做好防鸟工作。

【供种单位】 河北省农林科学院石家庄果树研究所。

(五) 水　晶

【品种来历】 韩国从新高梨的枝条芽变中选育出来的黄皮梨新品种,它既保持了新高梨的优良品质,又克服了新高梨外观品质欠佳的缺点。20世纪90年代由陕西、山东等省引入我国。目前正在我国北方梨区推广。

【品种特征特性】

(1)果实经济性状　果个大,平均单果重350克,最大果重520克;果实扁圆形,果皮成熟后为黄色,套袋后为乳黄色,果点小而稀、圆形,果梗细长,梗洼中深、周围果肉呈凹凸状,萼洼浅广,萼片多宿存;果肉白色,肉质致密细腻,嫩脆多汁,风味甜,具香味;石细胞少、有残渣,果心小,可溶性固形物含量14%,品质上等。果实耐贮运,自然条件下可存放3个月,冷藏可贮至翌年5月,货架期长。

(2)植物学特征　树冠阔圆锥形,树姿半开张;1年生枝被覆白色茸毛,呈暗青色;皮孔大而稀、长圆形、黄褐色;嫩叶浅绿色,密被白色茸毛,叶片宽椭圆形,大而薄,成熟叶深绿色,叶基圆形,叶缘锯齿状,锐且整齐;花冠大,白色,5~7瓣;花药浅紫色,花粉量多。

(3)生物学特性　树体强健直立,萌芽率高;成枝力较强,旺树剪口下可抽生4个15厘米以上的长枝,枝条粗壮,节间较长;以短果枝群结果为主,幼树有明显腋花芽结果习性;果台副梢连续结果能力中等(连续结果果台占总果台数的10%左右),自然授粉条件下,每花序平均坐果2~3个;始果早,正常管理条件下,2年生幼树的开花株率可达15%,大树高接后第二年即有腋花芽和顶花芽结果。

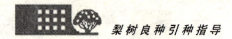梨树良种引种指导

在冀中南部3月下旬花芽萌动,4月中旬盛花,较鸭梨晚3~5天;4月下旬新梢生长,6月底新梢停止生长;果实成熟期10月上中旬,落叶期为11月上旬,果实生育期170天左右。

【适栽地区及品种适应性】 在长江流域及黄河流域的大部分梨产区均可正常生长结果。在肥水管理较好时,于河滩或丘陵地也能很好结果;但耐高温能力较差,抗寒、抗旱能力较强,高抗黑星病,对炭疽病、轮纹病也有一定抗性,但抗黑斑病能力稍差。由于其果实个大、丰产性较好,所以对肥水管理要求较严。

【栽培技术要点及注意事项】 株行距以3米×4~5米为宜;可与三水(新水、幸水、丰水的简称)、黄金等品种互为授粉树;树形以疏散分层形或纺锤形为好;因枝条直立,幼树期需及时拉枝造型,以便在培养合理树形的同时,减缓生长势,促进花芽形成;除对骨干枝进行必要短截外,其余枝条宜长放促花,以提高早期产量;进入盛果后,对长势较弱的结果枝组及僵芽状结果枝必须及时进行更新复壮;疏花疏果,合理负载,留果标准以幼果空间距离25~30厘米为宜;盛果期产量应控制在2 000~2 500千克/667平方米。不套袋栽培果面易形成锈斑,且黄粉蚜多于其萼片宿存或残存的萼洼处取食为害,常造成大量损失,必须进行套袋栽培,所用纸袋以不小于17厘米×19厘米的双层袋为宜,套袋应于5月底前完成。肥水管理和病虫害防治参考新高等品种。

【供种单位】 河北省农林科学院石家庄果树研究所。

(六)爱 宕

【品种来历】 日本品种,以二十世纪与今村秋杂交育成。20世纪90年代引入我国,河北、山东、北京等省、市正进行试栽。

【品种特征特性】

(1)果实经济性状 果个大,单果重450克、最大单果重900克;果实扁圆形,果皮黄褐色,果面较光滑,果锈很少,果点中等大

小、集密；梗洼狭深，萼洼深广，萼片脱落；果肉白色，果皮薄，肉质细腻，甜脆多汁；果心中大，心脏形；石细胞及残渣少，可溶性固形物含量13%～15%，品质优良。

（2）植物学特征　树冠阔圆锥形，树姿半开张；主干深褐色，有不规则裂痕；1年生枝红褐色，皮孔大而稀疏，叶芽矮胖、贴生；嫩叶浅红色，茸毛少；叶片卵圆形、平展，叶尖渐尖，叶基圆形，叶缘具细锯齿，有刺芒；叶柄斜生，无托叶；平均每花序6～8朵花，花冠白色，花药淡紫色，花粉量较多。

（3）生物学特性　生长势强，枝条粗壮，树冠中等大小，幼树抱头生长，结果后主侧枝角度自然开张；萌芽率高，幼旺树可达80%，成枝力中等，剪口下一般可抽生2～3个15厘米以上的长梢；以短果枝为主、腋花芽结果习性明显，果台副梢连续结果能力中等；始果年龄较早，一般定植第二年结果，3年生树开花株率达100%，具良好丰产性能。

在冀中南地区3月中旬花芽萌动，3月底初花，4月初盛花，花期持续10天左右。花期较早，易受晚霜危害。叶芽4月上旬萌动。果实9月中下旬成熟，11月初落叶。果实发育期160天左右。

【适栽地区及品种适应性】　在长江流域及黄河流域的大部分梨产区均可正常生长结果，但耐高温能力较差。抗黑星病、黑斑病能力较强，梨木虱为害也相对较轻；幼树易发生蚜虫，在低洼地或春季雨量多的年份易感赤星病。因其果皮褐色，外观品质欠佳，如在适宜区发展，建议进行套袋栽培。

【栽培技术要点及注意事项】　耐瘠薄能力差，所以，建园应选择土质肥沃、排灌便利的砂壤土，以pH值5.5～7.2的中性土最为适宜；定植密度可为3米×4米；可与三水、金二十世纪、黄冠等品种互为授粉树；树形宜采用小冠主干疏层形、改良纺锤形或圆柱形；由于成枝力不强，所以幼树期增加枝量是培养出合理树体骨架的技术关键，除少疏多缓外，还应采取春季对甩放长枝刻芽和生长

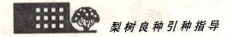

季对旺长新梢留 30~40 厘米摘心或剪截等方法促发分枝;需及时采用撑、拉等手段,以开张骨干枝角度(不宜过大,一般不超过 70°,否则树势易衰弱)。盛果期树要对结果枝组、尤其是大中枝组适度重剪,以防早衰;内膛小枝组需及时回缩更新,并辅以疏外养内等方法,以增强膛内光照、延长小枝寿命、防止结果部位外移。幼树期以梨茎蜂、梨蚜、大青叶蝉等为害枝梢的害虫为防治重点;成龄树应以梨小食心虫、赤星病、轮纹病等为防治重点。

【供种单位】 河北省农林科学院石家庄果树研究所、辽宁省农业科学院果树科学研究所。

第五章　软肉梨良种引种

第一节　秋子梨

一、早熟品种

大香水

【品种来历】 原产于辽宁省,辽宁鞍山地区栽培较多,吉林延边地区也有栽培。

【品种特征特性】

(1)果实经济性状　果实中等大小,平均单果重100.8克。纵横径5.5厘米×5.7厘米,阔圆锥形,整齐。果皮绿黄色,少数果向阳面有淡红晕;果面稍粗糙,果皮厚、韧、无锈,果点小而多。果梗长,平均5厘米。果心大、卵圆形。果肉黄白色;肉质粗,紧密、韧。采后经8天左右后熟,果肉变软,石细胞多,汁液中等。味甜酸、稍涩,香气浓。可溶性固形物含量12.3%～14%,全糖10.42%,可滴定酸0.43%,品质中上。果实不耐贮藏,可存放20天左右。

(2)植物学特征　树冠圆头形,树姿较开张,主干灰白色,1～2年生枝绿黄色,皮孔稀疏、散生;新梢赤褐色,直立性强,皮孔极稀;叶芽肥大、多贴生;叶片较大,近圆形,绿色,叶尖锐尖,具刺毛状齿缘;花蕾白色,花冠白色,花瓣5瓣。

(3)生物学特性　植株高大,树势健旺,25年生树高可达7米,冠径7.5米,幼树新梢生长量可达100厘米,进入盛果期后为

50厘米;萌芽率高,成枝力强——剪口下一般可抽生15厘米以上的新梢3~5个,潜伏芽的萌发力很强;以短果枝结果为主,正常管理条件下,短果枝寿命可维持5~6年;自然授粉条件下,每花序平均坐果1~2个。

辽宁兴城地区4月下旬初花,4月下旬至5月上旬盛花,5月上中旬终花;6月下旬至7月上旬新梢停止生长,果实8月下旬至9月上旬成熟,果实发育期105~110天;10月底至11月初落叶,营养生长期210天左右。

【适栽地区及品种适应性】 适于秋子梨栽植区发展。植株抗寒力强,对东北生态环境具有较高适应能力。抗病能力较强,但褐斑病较重。

【栽培技术要点及注意事项】 定植株行距以3米×4~5米为宜。授粉树宜选用南果、花盖、苹果梨等品种;为提高果实品质、维持连续结果能力,宜采用疏散分层形整形,做好疏花疏果工作,并按成熟度标准适时采收。进入盛果期后,须对结果枝组进行必要的回缩更新,并加强肥水管理,产量宜控制在35吨/公顷。

【供种单位】 中国农业科学院果树研究所。

二、中熟品种

(一)南 果

【品种来历】 原产辽宁省鞍山市。系自然实生后代,为我国东北地区栽培最广泛的秋子梨优良品种。

【品种特征特性】

(1)果实经济性状 果实个小,平均单果重58克;果实圆形或扁圆形,果皮绿黄色、经后熟为全面黄色,向阳面有鲜红晕,果面平滑,有蜡质光泽,果点小而密;梗洼浅而狭、具沟状,萼洼浅而狭、有皱褶,萼片宿存或脱落;果肉黄白色,肉质细,石细胞少,柔软易溶于口,汁液多,甜或酸甜适口,风味浓厚,具浓香,果心大,可溶性固形物含量15.5%～17.7%,品质上等。果实在常温下可贮放25天,在冷藏条件下可贮藏120天以上。

(2)植物学特征 树冠半圆形,树姿开张;多年生枝光滑,灰褐色;1年生枝黄褐色;叶芽矮胖,花芽长椭圆形,幼叶浅红色,叶片绿色、卵圆形,叶姿平展,叶缘锐锯齿具刺芒,叶尖渐尖或突尖,叶基圆形;平均每花序6.3朵花,花冠白色,花瓣卵圆形,花药粉红色。

(3)生物学特性 树势中庸;26年生树树高4.1米,新梢平均长33.6厘米;萌芽率高达85%,发枝力弱;长果枝3%、中果枝6%、短果枝74%、腋花芽17%,果台连续结果能力中等;花序坐果率高达95%,每花序平均坐果2.08个;一般定植后第三至第四年即可结果。

在辽宁兴城地区4月上旬花芽、叶芽萌动,4月下旬至5月初盛花,5月上旬终花,花期10天左右;6月上旬新梢停止生长,9月上旬果实成熟,10月下旬至11月上旬落叶。果实发育期115～120天,营养生长期203天。

【适栽地区及品种适应性】 南果为鲜食及加工兼用的软肉型秋子梨优良品种,辽宁鞍山、营口、辽阳等地栽培较多;吉林、内蒙古、山西等省、自治区及西北一些省、自治区也有少量栽培。适应性强,抗寒力强,高接树在-37℃时无冻害。对黑星病有特强的抵抗能力。

【栽培技术要点及注意事项】 栽植行株距以4米×3米为宜,也可采用4米×1.5米的行株距;待结果后树体郁闭时,再隔株间伐;授粉树以配置苹果梨、巴梨、茌梨等品种;采用疏散分层形整形,具体修剪方法可参照锦香等品种;必须进行疏花疏果;负载量应控制在37.5吨/公顷以内;按成熟度标准适时采收。

【供种单位】 中国农业科学院果树研究所。

(二)大南果

【品种来历】 南果的大果形芽变品种。由辽宁省鞍山市农牧局、鞍钢七岭子牧场、辽宁省果树科学研究所、沈阳农业大学等单位共同选出。1990年通过辽宁省农作物品种审定委员会审定。

【品种特征特性】

(1) 果实经济性状　果实中等大小,平均单果重125.5克;果实扁圆形,果皮黄绿色、经后熟为黄色,向阳面具红晕;果面光洁、平滑、有蜡质光泽,果点中大、中密,外观较漂亮美观;梗洼浅而广,萼洼深而广,萼片残存;果肉黄白色,肉质细腻,石细胞少,柔软多汁,酸甜适口,风味浓厚,具浓香,可溶性固形物含量12.56%,品质上等。果实在室温下可贮放10~15天,在1℃~4℃下可贮藏180天以上。

(2) 植物学特征　树冠圆锥形,树姿半开张;主干光滑,灰褐色;多年生枝灰褐色;1年生枝灰褐色;叶芽细长形,花芽长椭圆形;幼叶淡绿色,叶片深绿色、倒卵圆形,叶姿平展微内卷,叶缘细锐锯齿具刺芒,叶尖渐尖,叶基圆形;每花序5~8朵花,花蕾粉红色,花瓣椭圆形、5瓣,花药紫红色,花柱一般3~5个,多为4个。

(3) 生物学特性　树势较强;15年生树树高2.6米,新梢平均长74.3厘米;萌芽率高,发枝力中等;长果枝1.4%、中果枝5.4%、短果枝93.2%;果台连续结果能力弱(4.6%),花序坐果率高达89.2%,每花序平均坐果1.6个;采前落果程度较轻。一般定植后第三年即可结果,5年生树平均株产16千克。

在辽宁鞍山、熊岳4月上旬花芽萌动,4月中下旬盛花,5月上旬终花,花期10~13天;6月中旬中短枝新梢停止生长,长枝新梢可延迟到7月上旬停止生长。9月上旬果实成熟,11月上旬落叶。果实发育期115~120天,营养生长期203天。

【适栽地区及品种适应性】 适于在辽宁省阜新、沈阳、抚顺以南地区栽培,适应性较强,抗旱、抗涝性较强,抗寒力较强(不如南果),但不耐盐碱。抗病力较强,较抗黑星病、轮纹病和腐烂病。

【栽培技术要点及注意事项】 山薄地栽植行株距以 4 米 × 2 米为宜,平原地区可为 4 米 × 5 米;授粉品种以花盖等为宜;采用纺锤形整形,幼树期修剪不宜过重,应适当多留辅养枝,有利于提早结果,其它同南果;疏花疏果参考南果、锦香等品种;因其对波尔多液杀菌剂抗力较差,在防病时尽量选用其它杀菌剂。

【供种单位】 辽宁省农业科学院果树科学研究所、中国农业科学院果树研究所。

(三) 红 南 果

【品种来历】 南果的果皮红色芽变品种。1989 年由辽宁省抚顺市特产研究所发现,经对繁殖后代观察鉴定和同功酶酶谱鉴定,确认其为芽变新品种。1998 年通过辽宁省农作物品种审定委员会审定。

【品种特征特性】

(1) 果实经济性状　果个中等大小,平均单果重 111.4 克;果实近圆形,果皮黄绿色,向阳面鲜红色,红色覆盖果面的 65% ~ 70%;果面光洁、平滑,有蜡质光泽,果点较大、密集,外观艳丽美观;果梗短而细,梗洼较浅狭,萼洼较深、中广,萼片脱落或宿存;果肉乳白色、后熟后变黄白色,肉质细,石细胞少,柔软多汁,酸甜适口,风味浓厚,并具芳香;果心较小,可溶性固形物含量 14.8% ~ 16%,品质上等。果实在室温下可贮放 10 ~ 15 天,在冷藏条件下可贮藏 120 天以上。

(2) 植物学特征　树冠自然开心形或纺锤形,树姿较直立;主干光滑,暗灰褐色;多年生枝暗褐色;1 年生枝灰褐色,皮孔较稀疏;幼叶淡绿色,叶片深绿色、长卵圆形,叶缘细锐锯齿具刺芒,叶尖突尖,叶基圆形;花冠较小,白色,花瓣 5 瓣、椭圆形。

(3)生物学特性　树势中庸；4年生树树高1.8米，萌芽率中等，发枝力强；幼树以长果枝结果为主；成年树以短果枝和短果枝群结果为主，腋花芽占35%左右；果台连续结果能力中等，花序坐果率高，每花序平均坐果2~4个；采前落果很轻。定植后第三年即可结果，5年生平均株产7.5千克。

在辽宁清原4月中下旬芽萌动，5月上旬初花，5月中旬盛花，5月中下旬终花，花期8天左右；6月下旬新梢停止生长，9月中旬果实成熟，10月中下旬落叶。果实发育期115~120天，营养生长期202天。

【适栽地区及品种适应性】　在黑龙江、吉林、辽宁、内蒙古等省、自治区试栽，性状遗传稳定，表现优良，适于在北纬35°~50°04′的北方冷凉半湿区域推广栽培；适应性较强，抗寒力强，且耐旱性较强。抗病力也较强，抗黑星病，兼抗腐烂病。

【栽培技术要点及注意事项】　栽植行株距以5米×4米或4米×3米为宜；授粉品种可用苹果梨和苹香；行株距为5米×4米的采用小冠疏散分层形整形；行株距为4米×3米的采用纺锤形整形。具体修剪方法可参考南果。疏花疏果及病虫害防治参考南果、锦香等品种。

【供种单位】　中国农业科学院果树研究所。

三、晚熟品种

（一）晚　香

【品种来历】　黑龙江省农业科学院园艺分院育成的晚熟抗寒兼冻藏梨新品种，亲本为乔马（♀）×大冬果（♂）。1991年通过黑龙江省农作物品种审定委员会审定。

【品种特征特性】

(1)果实经济性状　果实中等大小，平均单果重180克；果实近圆形,果皮浅黄绿色、贮后为黄色,果面平滑,蜡质少,有光泽,无果锈,果点中大;梗洼深狭、无锈,萼洼深而广、平滑,萼片宿存;果肉洁白,肉质较细,脆嫩多汁,酸甜适口,石细胞少而小,果心较小,可溶性固形物含量12.1%,品质中上等。果实无后熟期,耐贮运,鲜贮可达180天。果实经冻藏后不皱皮,果面油黑色,果肉洁白,细软多汁,风味鲜美,口感好于花盖,是很理想的冻藏品种。也适宜于加工制罐。

(2)植物学特征 树冠圆锥形,树姿半开张;主干及多年生枝光滑,深褐色;1年生枝棕褐色;幼叶黄绿色,叶片深绿色、长卵圆形,叶缘细锐锯齿,叶尖渐尖,叶基阔圆形;每花序5~8朵花,花蕾淡粉红色,花冠中大、白色,花瓣5瓣,花药深紫红色。

(3)生物学特性 树势强;6年生树树高2.4米,新梢平均长50厘米,萌芽率高,发枝力强;3年生幼树中果枝占26%,短果枝占63%;成年树以短果枝结果为主,占91.8%;果台连续两年结果能力较强(42%),每花序坐果2~6个;采前落果程度很轻。10年生低接树平均株产51.2千克,高接树第五年平均株产16.8千克。

在黑龙江哈尔滨4月上中旬花芽、叶芽萌动,5月上旬初花,5月中旬盛花,花期10天左右;7月上中旬新梢停止生长,9月末10月初果实成熟,10月中下旬落叶。营养生长期180天。

【适栽地区及品种适应性】 适于东北、华北北部寒冷地区栽培。吉林、辽北、内蒙古和黑龙江的牡丹江、鸡西、鸡东、勃利等部分地区均可低接栽培,其它高寒地区宜采取高接栽培。适应性强,抗逆性强,其抗寒力与黑龙江主栽品种延边大香水相似。抗腐烂病能力较强,抗黑星病能力中等。

【栽培技术要点及注意事项】 栽植行株距平地以5米×4米、山地以5~4米×3米为宜;授粉树可配以脆香、冬蜜、秋黄等品种;宜采用疏散分层形整形。幼树期除短截中心领导干及主枝延长枝外,对其余侧枝应适当轻剪长放,并开张角度,采用短截与疏枝相结合,尽量多留辅养枝,以利于提早结果。成花容易,果枝连续结果能力较强,应适当进行短截或疏剪,以控制花芽量,并需及时更新内膛枝组,以达维持树势、保证结果的目的;疏花疏果、肥水管理及病虫害防治等技术可参考锦香等品种。

【供种单位】 黑龙江省农业科学院园艺分院。

(二) 京 白

【品种来历】 原产于北京郊区,是秋子梨优良品种。北京、河北、山西和西北各省以及东北的南部地区均有栽培。

【品种特征特性】

(1) 果实经济性状 果实中大,平均单果重110克;果实扁圆形,果皮黄绿色,贮后变黄白色,果面光滑有蜡质光泽;果点小而稀;果梗细长,外观较美。果心中大,果肉黄白色,肉质中粗而脆,石细胞少;经后熟后肉质变细软,易溶于口,汁液丰富,味甜,香气醇厚。可溶性固形物含量13%～17%,品质上等。在辽宁兴城9月上中旬果实成熟。

(2) 植物学特征 树冠扁圆形,树姿较开张;枝干赤褐色,树皮多有纵裂;1年生枝黄褐色,新梢淡黄色;叶芽圆锥形,离生;初生叶红色较浓、略有茸毛,幼叶黄绿色、两侧微现红色,成熟叶片大小中等,形状、大小不一,小型叶多为圆形,大、中型叶多呈卵圆形或椭圆形,具刺毛状齿缘;花冠白色,花瓣多为5瓣,花药浅紫色。

(3) 生物学特性 树势强健,萌芽率、成枝力较强,幼树枝条直立,大树枝干开张;枝条较细弱,分枝能力强而较密。定植4～5年后开始结果,以短果枝结果为主,腋花芽有一定的结果能力;连续结果能力弱。

【适栽地区及品种适应性】 适于冷凉地区栽培,喜肥沃砂壤土,不耐瘠薄,抗寒力和抗风能力较强。易感黑星病,梨圆蚧为害较重。

【栽培技术要点及注意事项】 宜采用主干疏散分层形或纺锤形整形,幼树期对骨干枝要轻剪缓放,其它枝条少截多放,直立旺枝可疏除。进入盛果期,对幼树多留的骨干枝可分批疏除,小枝组可放任不剪;对树冠外围的密枝可疏除。

【供种单位】 中国农业科学院果树研究所。

(三)寒 红

【品种来历】 吉林省农业科学院果树研究所利用南果梨做母本,酥梨做父本杂交选育而成。2003年通过吉林省农作物品种审定委员会审定。

【品种特征特性】

(1)果实经济性状 果实圆形,横径6.52~7.92厘米,纵径6.62~8.04厘米。单果重170~200克,果实整齐。成熟时果皮多蜡质,底色鲜黄,阳面艳红,外观美丽。果肉细,酥脆,多汁,石细胞少,果心小,酸甜味浓,具有一定的南果梨香气,可溶性固形物含量14%~16%,可溶性糖含量7.863%,维生素C含量11.97微克/克,品质上等。普通窖内可贮藏半年以上,贮藏后品质更佳。

(2)植物学特征 树冠圆锥形,树干灰褐色,多年生枝暗褐色,有条状裂纹;1年生枝条粗壮、坚实;皮孔长圆形、黄褐色、分布较疏散,节间长;花芽中大,圆锥形,鳞片中大,紧密;叶芽偏小,三角形,向上渐尖,离生;叶片中等偏小,长椭圆形,叶尖渐尖,叶基圆形,叶缘单锯齿状,刺芒中长,叶柄长;花为完全花,白色,雌蕊柱头3~5裂,浅黄绿色,雄蕊20~31枚,花粉量大,每花序7~8朵花。

(3)生物学特性 树体强健,干性强,长势旺盛。6年生平均树高3.42米,干周0.358米,干高0.67米,冠径4.07米×2.77米,树姿半开张;1年生枝充实,新梢年生长量为65.4厘米,粗0.68厘米,节间长5.06厘米;枝条萌芽率较高,成枝力中等;以短果枝结果为主,花序坐果率86.3%,花朵坐果率70%;每花序平均坐果

4.2个,坐果牢固,没有采前落果现象。

在吉林省中部地区,4月中下旬花芽膨大,4月末花芽开绽,5月初初花,5月上中旬盛花,6月上中旬生理落果,7月中下旬新梢停止生长,9月下旬果实成熟,10月中旬落叶,果实发育期150天,营养生长期180天。

【适栽地区及品种适应性】 北方梨产区均可栽培。抗寒力强,一般年份高接树和定植幼树基本无冻害,在特殊寒冷的年份,也只有轻微冻害,不影响正常生长发育和结果。梨叶、果抗病性较强,在田间调查不感黑星病和轮纹病。

【栽培技术要点及注意事项】 果实着色程度受环境条件影响较大,生产上应适度密植,减小树冠,尽可能改善树体通风透光和营养状况,栽植密度以500~800株/公顷为宜。株行距3米×4米或4米×5米。适宜授粉品种有苹香梨、金香水等,配置比例为3:1或5:1。生产上必须疏花疏果,以保证果实整齐度,提高优质果率。山地果园栽植,树下最好采用生草制,既防水土流失又可提高土壤含水量和土壤肥力;可采用树盘清耕的土壤管理方式,除幼树定植时一次性施足底肥外,进入结果期后,应连年施肥,肥料以有机肥为主。也可采用山地穴贮肥水法进行肥水管理,适当进行叶面喷肥,一般以磷、钾肥等复合肥为主。生产上采用小冠疏散分层形,幼树生长旺盛,可采用拉枝的措施开张树体角度,缓和树势。盛果期修剪主要调整好生长与结果的关系,对老化或过长结果枝组要及时回缩,以更新枝组和调节负载量,疏除过密枝条,防止遮光和通风不良,适度短截1年生枝和缓放壮枝,保持合理的枝类比例,确保树势中庸健壮、连年丰产,延长树体经济寿命。

【供种单位】 吉林省农业科学院果树研究所。

(四)大 慈

【品种来历】 吉林省农业科学院果树研究所育成的晚熟耐

贮、鲜食冻藏兼用梨新品种,亲本为大梨(♀)×慈梨(♂)。1995年通过吉林省农作物品种审定委员会审定,同年被农业部列为"八五"农业(种植业)重大成果;1998年获吉林省科技进步三等奖。

【品种特征特性】

(1)果实经济性状　果实中等大小,平均单果重200克;长卵圆形或椭圆形,果皮浅黄色、少数果实向阳面微具红晕;果面平滑,蜡质较薄,有光泽,无果锈,果点小、不明显,外观漂亮;梗洼深狭、无锈斑,萼洼浅而广、无锈斑,萼片宿存;果肉黄白色,肉质细,石细胞少,酥脆多汁,酸甜适口,并具芳香,果心小,可溶性固形物含量13%~15%,品质上等。果实除鲜食外,还可冻藏,品质兼优。

(2)植物学特征　树冠圆锥形,树姿直立,结果后自然半开张或开张;主干较粗糙,灰褐色;多年生枝较光滑,暗褐色;1年生枝暗红褐色;叶芽较大、三角形,顶花芽肥大、近似倒心脏形;幼叶红褐色,叶片深绿色、长卵圆形、反卷,叶缘细锐锯齿具刺芒,叶尖渐尖,叶基圆形;每花序6~8朵花,花冠白色,花瓣5瓣,花药紫红色。

(3)生物学特性　树势强;8年生树高4.5米,新梢平均长67厘米,萌芽率高(84.49%),成枝力中等;4年生树长果枝占18.9%,中果枝占14.7%,短果枝占44.6%,腋花芽占18.2%。果台枝3.6%,果台连续结果能力达30.2%;4年生低接树花序坐果率高达93.3%~95.2%,4~8年生高接树花朵坐果率高(70%~80%),每花序平均坐果1.4个;采前落果程度较轻。定植后第三年即可结果,6~7年生树产量可达30~37.5吨/公顷。

在吉林公主岭4月中下旬花、叶芽萌动,5月上中旬盛花,花期7~10天;7月中下旬新梢停止生长,9月下旬果实成熟,10月中旬落叶,营养生长期180天。

【适栽地区及品种适应性】　适于黑龙江南部、吉林、辽宁、内蒙古等年均温>4.5℃、无霜期130天以上、有效积温>2 800℃的山区、半山区和平地栽培。适应性较强,抗寒力强。高抗黑星病,兼抗轮纹病。

【栽培技术要点及注意事项】 栽植密度株行距以 4 米 × 2.5 米为宜;授粉品种以早梨 18 号、苹果梨、大梨、苹香、南果等为宜;一般密度可采用疏散分层形。结果前宜多留长放,利用各种辅养枝结果,以增加早期产量。密植树可用自然圆锥形,即不培养主枝,而于主干上培养大型结果枝组;进入盛果期后适时局部更新,以调整树体结构、改善膛内光照;结果初期,需采用人工辅助授粉的措施,才能保证早期丰产;适时晚采,果品入窖前要充分预冷,贮藏后期要注意通风,防止果心褐变。

【供种单位】 吉林省农业科学院果树研究所。

第二节 西洋梨

一、早熟品种

(一)伏 茄

【品种来历】 原产于法国,是西洋梨中的早熟优良品种。

【品种特征特性】

(1)果实经济性状 果小,单果重 60~90 克;果实葫芦形,果皮绿黄色,阳面有鲜红晕,果面光滑,果点不明显,果梗短,萼片宿存,外观美丽;果心小,果肉乳白色,果实采收时即可食用;肉质细脆、味甜。经后熟,果肉柔软易溶。可溶性固形物含量 13%~16%,品质上等。果实不耐贮藏,6月下旬至7月上旬果实成熟。

(2)植物学特征 树冠多呈半圆形,树姿开张,枝条稠密、角度开张;枝干赤褐色,并有银灰色片状锈斑;新梢褐色微红、纤细柔软,并有屈曲生长的习性;叶芽小、贴生;叶片小,边缘屈曲呈波浪状,叶柄柔软,成熟叶片椭圆形、绿色,叶尖渐尖、并向下钩卷,具线状托叶;花蕾白色,花冠白色,花瓣5瓣。

(3)生物学特性　生长势较强,植株高大,萌芽力强,成枝力中等,一般定植4~5年开始结果,以短果枝结果为主,果台连续结果能力差,产量中等而稳。

【适栽地区及品种适应性】　适应性广,对自然条件要求不严,黄河故道和陕西关中地区均能适应,在砂壤土和粘黄土上均生长良好。抗寒、抗旱、耐盐碱,抗病虫力较强。

【栽培技术要点及注意事项】　因树势健壮,树冠大,不宜密植,株行距以3米×4米为宜;授粉树可选用巴梨、茄梨、栖霞大香水等品种;采用疏散分层形整形;进入盛果期,树势生长减缓,成枝力弱,应注意培养结果枝组,尽量少疏枝;加强肥水管理,增施有机肥,以维持强健树势、减少病害发生、延长结果寿命。

【供种单位】　中国农业科学院果树研究所。

(二) 红　茄

【品种来历】　原产美国,为茄梨的果皮红色芽变品种。为梨品种中着色最漂亮的全红型优良早熟品种。

【品种特征特性】

(1)果实经济性状　果个中等大,平均单果重131克。纵径8.5厘米,横径6.2厘米,呈细颈葫芦形。果面全面紫红色,平滑有光泽,外形美观。果点小而不明显。果梗基部肉质;无梗洼,有轮状皱纹。萼片宿存,小而直立,基部分离;萼洼浅,中广,有皱褶。果心较大。果肉乳白色,肉质细脆而微韧,经5~7天后熟,变软易溶,汁液多,可溶性固形物含量11%~13%,可溶性糖含量8.93%,可滴定酸0.24%,品质上等。8月上中旬果实成熟。室温下可贮存15天,在0℃~5℃下可贮存60天。

(2)植物学特征　树冠倒圆锥形,树姿较开张;主干灰白,光滑；多年生枝褐色；1年生枝灰褐色；新梢阳面浅紫红色；叶芽大小中等，先端较尖、多离生；成熟叶片浓绿色，厚，表面光滑，叶片中等大小、形状不一，结果枝上的叶片多为卵圆形、叶尖突尖、叶基圆形，发育枝上的叶片多为长卵形，叶尖渐尖、叶基宽楔形，叶柄细长，托叶细长；花冠白色、较小，花瓣多为5瓣，花药红色。

(3) 生物学特性 生长势较强，植株高大，萌芽力强，成枝力中等偏弱，一般定植3~4年开始结果，以短果枝结果为主，果台连续结果能力差，较丰产、稳产。

【适栽地区及品种适应性】 适应性强，辽南、胶东半岛和黄河故道等地区均可栽培。对土壤条件要求不严格，在粘重的土壤上栽培，仍生长良好。抗旱、抗寒力中等，耐盐碱，易得腐烂病，其它病虫害较少。

【栽培技术要点及注意事项】 因树势健壮，树冠大，不宜密植，株行距以3米×4米为宜；授粉树可选用巴梨、茄梨、三季梨等品种；采用疏散分层形整形；进入盛果期，树势生长减缓，成枝力弱，应注意培养结果枝组，尽量少疏枝；加强肥水管理，增施有机肥，以维持强健树势，减少病害发生，延长结果寿命。

【供种单位】 中国农业科学院果树研究所。

二、中熟品种

(一) 康佛伦斯

【品种来历】 原产于英国，为英国的主栽品种。德国、法国和保加利亚均列为主栽品种之一。我国北京、河北、河南、辽宁、山西、四川、甘肃和云南等省、市均有引种试栽。

【品种特征特性】

(1) 果实经济性状 果实中大，平均单果重163克。果实细颈葫芦形，外形比宝斯克美，果肩常向一方歪斜。果皮绿色，后熟为绿黄色,有的果实阳面有淡红晕,果面平滑,有蜡质光泽。果点小,中多,果梗长3.4厘米,粗3.2毫米,与果肉连接处肥大;无梗洼,有唇形突起。萼片宿存,中等大。萼洼中等深广,有皱瘤。果心中大,5个心室。果肉白色,肉质细、紧密,经后熟后变软,易溶于口,汁液多,味甜具香气,品质上等或极上。可溶性固形物含量13%~15.8%。果实不耐贮藏,常温下可放置15天左右。主要用于鲜食。

(2)植物学特征 树冠纺锤形,树姿直立,主干灰褐色,表面粗糙。1年生枝黄绿色,皮孔小而多、密。叶片卵圆形,叶尖渐尖,叶基圆形,叶缘钝锯齿,无刺芒。花白色。

(3)生物学特性 树势中庸。萌芽率强(78.28%),发枝力中等,一般剪口下多抽生2~3条长枝。开始结果晚,一般定植后5年左右开始结果,以短果枝结果为主。初结果树短果枝占51.94%,中果枝占11.17%,长果枝占36.89%。管理得当,可连年丰产。自花授粉结实率高,采前落果轻。

在辽宁兴城4月中下旬花芽萌动,5月上旬初花,5月中旬盛花,5月下旬终花,9月上旬果实成熟,11月中旬落叶。果实发育期112天,营养生长期211天。

【适栽地区及品种适应性】 该品种果实较大,味浓甜,品质优,较丰产,惟果实不耐贮,但商品价值高,深受消费者欢迎。作为中熟生食品种,可在沿海地区城郊和工矿区适量栽培。对土壤要求不严,在肥沃的砂壤土上生长更好。抗寒力中等。抗腐烂病能力差,但比巴梨强,虫害较少。

【栽培技术要点及注意事项】 因树势健壮,树冠大,不宜密植,株行距以3米×4米为宜;授粉树可选用三季梨、茄梨、日面红等品种;采用疏散分层形整形;进入盛果期,树势生长减缓,成枝力弱,应注意培养结果枝组,尽量少疏枝;加强肥水管理,增施有机肥,以维持强健树势,减少病害发生,延长结果寿命。

【供种单位】 中国农业科学院果树研究所。

(二) 巴 梨

【品种来历】 原产于英国,系自然实生苗,为世界上栽培最广泛的优良西洋梨品种。在我国辽宁大连、山东烟台、青岛、河南郑州和黄河故道等地栽培较多,云南昆明、贵州贵阳等地也有少量栽培。

【品种特征特性】

(1) 果实经济性状 果个大,平均单果重217克;果实为粗颈葫芦形,果皮绿黄色,经后熟为全面黄色或橙黄色,间或向阳面有浅红晕,果面凹凸不平、有光泽,果点小而密、不明显;梗洼浅狭、具沟状、有条锈,萼洼浅狭、有皱褶,萼片宿存或残存;果肉乳白色,肉质细,石细胞少,柔软易溶于口,汁液特多,酸甜,风味浓郁,并具浓香,果心较小,可溶性固形物含量12.6%~15.2%,品质极上。果实在常温下可贮放7~10天,在冷藏条件下可贮藏120天以上。

(2) 植物学特征 树冠圆锥形,树姿半开张;多年生枝光滑,灰褐色;1年生枝黄褐色;叶芽矮胖形,花芽卵形;叶片卵圆形,叶姿抱合,叶缘钝锯齿无刺芒,叶尖渐尖,叶基阔楔形;每花序7朵花,花冠直径3.4厘米,白色,花瓣圆形,花药红色。

(3) 生物学特性 幼树生长旺盛;11年生树高5米,新梢平均长58.2厘米;萌芽率高达79%,发枝力中等偏弱。中短果枝及腋花芽均可结果,但以短果枝和短果枝群结果为主,隔年结果现象不明显;采前落果程度较轻。定植后第三至第四年即可结果,11年生树株产50~75千克。

在辽宁兴城,4月上中旬花芽、叶芽萌动,5月上中旬初花,5月中旬盛花,5月下旬终花,花期7~10天;6月上中旬新梢停止生长,8月下旬至9月上旬果实成熟,11月上旬落叶。果实发育期115天,营养生长期210天。

【适栽地区及品种适应性】 鲜食及加工兼用的软肉型西洋梨

优良品种,适于在我国东北最南部、华北、华中北部地区,特别适于辽南、胶东半岛及黄河故道等地区适量栽培。适应性较强,抗风能力强;但抗寒力弱,在 -25℃情况下受冻严重。抗病能力弱,尤其易感腐烂病;但抗黑星病和锈病能力较强。

【栽培技术要点及注意事项】 栽植行株距以 4 米 × 3 米为宜。授粉树可选用冬香、考蜜斯、大香水、二十世纪等品种。采用疏散分层形整形,幼树期宜多留长放,以促进树冠成型和增加早期产量。进入盛果期,应适当重剪,以保证树势健壮,并注意疏剪过密枝条和细弱枝条,以改善通风透光条件。盛果期大树必须进行疏花疏果,负载量应控制在 30 吨/公顷以内。加强肥水管理,增施有机肥,以维持强健树势、减少病害发生、延长结果寿命。

【供种单位】 中国农业科学院果树研究所。

(三)红巴梨

【品种来历】 美国品种,系巴梨果皮红色芽变品种。辽宁省农业科学院果树科学研究所 1994 年引自美国俄勒冈州,从 1996 年起在辽宁大连、营口等地进行多年、多点的品种比较试验、区域试验和生产试栽,2000 年通过辽宁省农作物品种审定委员会审定。

【品种特征特性】

(1)果实经济性状　果个大,平均单果重 225 克;果实为粗颈葫芦形,果皮幼果期全面深红色、成熟果底色绿色、向阳面为深红色,套袋果与后熟果底色黄色,向阳面鲜红色;果面平滑,略有凹凸不平,有蜡质光泽,无果锈;果点小而多,不明显;梗洼浅狭、具沟状、有条锈,萼洼浅而狭、有皱褶,萼片宿存或残存,外观漂亮艳丽;果肉乳白色,肉质细腻,石细胞极少,柔软多汁,风味甜,并具浓香,果心小,可溶性固形物含量 13.8%,品质极上。果实在室温下可贮放 10～15 天,在 0℃～3℃条件下可贮至翌年 3 月。

(2) 植物学特征　树冠圆锥形,树姿幼树直立,成年树半开张;主干光滑,灰褐色;1年生枝红褐色;叶芽矮胖,花芽卵形;幼叶红色,成熟叶片绿色、卵圆形,叶姿平展微内卷,叶缘钝锯齿无刺芒,叶尖渐尖,叶基宽楔形;每花序7朵花,花冠直径3.4厘米、白色,花瓣圆形、5瓣,少数为6瓣,花药红色。

(3) 生物学特性　树势较强;4年生干周16.3厘米,新梢平均长76.8厘米;萌芽率78.5%,发枝力强;以短果枝和短果枝群结果为主,隔年结果现象不明显;采前落果较轻。定植后第三年少量开花结果,4年生树平均株产5.6千克;高接树第三年开始正常结果,表现高产稳产。

在辽宁熊岳4月上旬芽萌动,4月下旬盛花,5月上旬终花,花期10天左右;6月上旬新梢停止生长,9月上旬果实成熟,比巴梨晚10天左右,11月上旬落叶。果实发育期125天,营养生长期210天。

【适栽地区及品种适应性】　外观艳丽,品质优良,适于在辽南、胶东半岛、黄河故道等西洋梨适栽的梨产区栽培。其适应性较强,喜肥沃砂壤土;抗寒力弱,在-25℃情况下受冻严重;抗病力弱,尤其易感腐烂病;而抗风、抗黑星病和锈病能力较强。

【栽培技术要点及注意事项】　应选坡地和平地建园,避免风口地和低洼地;栽植行株距平地以4米×2米为宜,山地以5～6米×2米为宜。授粉树可配置茄梨、伏茄、红茄、红安久等品种。采用纺锤形整形;定干高度60～70厘米,树高控制在2.5米左右。自定植第二年起,在每年的6月上旬将长度超过40厘米的新梢拉平,及时疏除背上的萌蘖;背侧枝少(主枝上每20厘米不足1个新梢)时,可在部位适宜的背上枝长到30～40厘米时,用"S"形开角器将其弯向所需的方位,并疏除主枝头上的并生枝及竞争枝,注意调节主枝间的平衡,5年内完成整形。主枝过长与邻树相交时,回缩到2～3年生枝的花芽处;必须进行疏花疏果;每隔10～15厘米留1个果;并注意主枝基部稍密,梢部稍稀;幼果期套袋,果实成熟前20天左右摘袋,同时采用摘叶、转果和铺反光膜等措施促进果实着色,以提高果实外观品质;幼树有二次生长特点,秋季应控制肥水,以提高其抗寒和抗抽条能力。

【供种单位】 辽宁省农业科学院果树研究所、中国农业科学院果树研究所。

(四)红考密斯

【品种来历】 美国品种,为考密斯的果皮浓红型芽变。

【品种特征特性】

(1)果实经济性状　果实大,平均单果重220克,短葫芦形或近球形。果皮全面紫红色,果面平滑有光泽,果点中大。梗洼浅或无,萼片宿存或残存,萼洼深而广。果心中大,果肉乳白色,肉质细、柔软,易溶于口,汁液多,酸甜具浓香,可溶性固形物含量13%,品质上等。在山东泰安,果实8月上旬成熟,在常温下可贮藏30天。

(2)植物学特征　树冠圆头形,树姿较开张,主干灰褐色。1年生枝褐色。叶片卵圆形或椭圆形,先端渐尖,基部楔形,叶缘圆钝锯齿。

(3)生物学特性　树势中庸,嫁接苗定植后第三年开始结果,以短果枝结果为主,连续结果能力强。抗逆性近似于巴梨。

【适栽地区及品种适应性】 品质优良,适于在渤海湾、胶东半岛、黄河故道等西洋梨适栽的梨产区栽培。其适应性较强;喜肥沃砂壤土,抗病力弱,尤其易感腐烂病;而抗风、抗黑星病和锈病能力较强。

【栽培技术要点及注意事项】 行株距,平原地区以4~5米×3~4米为宜,丘陵山地以3~4米×2~3米为宜。可采用纺锤形或小冠疏层形树形。授粉品种可选用红茄梨、巴梨、红安久等西洋梨品种。

【供种单位】 中国农业科学院果树研究所。

(五) 八 月 红

【品种来历】 原陕西省农业科学院果树研究所(现西北农林科技大学园艺学院果树研究所)和中国农业科学院果树研究所合作育成的中熟红色梨新品种,亲本为早巴梨(♀)×早酥(♂)。1995年通过陕西省农作物品种审定委员会审定,同年获陕西省科技进步三等奖。在北京、天津、河北、辽宁、山西、陕西、山东等省、市栽培较多,甘肃、新疆等省、自治区也有少量栽培。

【品种特征特性】

(1) 果实经济性状　果个大,平均单果重262克;果实卵圆形,果皮黄色、向阳面鲜红色,果面光洁、平滑,稍有隆起,有蜡质光泽,略具果锈,果点小而密,不明显,外观漂亮美观;梗洼浅、狭,萼洼中深、中广、有皱褶,萼片宿存;果肉乳白色,肉质细,石细胞少,酥脆多汁,风味甜,香气浓,果心小,可溶性固形物含量13.6%,品质上等。果实在室温下可贮放7~10天。

(2) 植物学特征　树冠阔圆锥形,树姿较开张;主干光滑,暗褐色;1年生枝红褐色,幼叶绿黄色,叶片绿色、长椭圆形,平展微内卷,叶尖渐尖,叶基圆形,叶缘钝锯齿具刺芒;每花序6~8朵花,花冠小、白色,花瓣5瓣。

(3) 生物学特性　树势强;5年生树高4.35米,新梢平均长57厘米;萌芽率高达87.3%,发枝力中等;长、中、短果枝及腋花芽均能结果;果台连续结果能力强,花序坐果率高,花朵坐果率也较高,一般自然授粉条件下每花序平均坐果3.8个;采前落果很轻。定植后第三年即可结果,6~7年生树产量可达30~37.5吨/公顷。

在陕西杨凌地区3月中旬花芽萌动,4月上旬初花,4月中旬盛花,4月下旬终花,花期11天左右;6月上中旬新梢停止生长,8

月中旬果实成熟,12月上旬落叶。果实发育期125天,营养生长期270天。

【适栽地区及品种适应性】 适于在黄土高原和温暖半湿区栽培。在辽宁朝阳地区栽培,果皮色泽更为艳丽,在冷凉半湿区栽培也有较大的发展前景。适应性较强;耐瘠薄、抗寒、抗旱力强;高抗黑星病、腐烂病,抗锈病和黑斑病能力也较强,对果实轮纹病抗性较差。

【栽培技术要点及注意事项】 栽植行株距乔砧以4米×3米、矮砧以4米×2米为宜,高度密植以3.5米×1米为宜;授粉树可用黄冠、硕丰、晋蜜等;乔砧采用小冠疏散分层形,矮砧采用细长纺锤形,高度密植采用倒"人"字形整形;1~3年生幼树适当重短截,以促发新枝和加速树冠形成;为维持强健树势,主枝的角度不宜开张过大,以60°~70°为宜;结果后需对枝组进行及时更新复壮,以维持树势平衡;盛果期大树必须进行疏花疏果,负载量应控制在37.5吨/公顷以内。贮藏期较短,建议采用冷库贮藏。

【供种单位】 西北农林科技大学园艺学院果树研究所、中国农业科学院果树研究所。

(六)锦 香

【品种来历】 中国农业科学院果树研究所培育而成。亲本为南果(♀)×巴梨(♂)。1989年通过专家验收鉴定。在辽宁、河北等省栽培较多,甘肃、吉林、内蒙古等省、自治区也有少量栽培。2003年获植物新品种权。

【品种特征特性】

(1)果实经济性状 果实中等大小,平均单果重130克;果实纺锤形,果皮黄绿色、经后熟为全面绿黄色或橙黄色,向阳面有红晕,果面光洁、平滑,有蜡质光泽,果点小而密,不明显,外观漂亮美观;梗注浅而广、有波纹和锈斑,萼注浅而狭、有皱褶,萼片宿存,反卷。果肉白色或淡黄白色，肉质细，近果心处有少许石细胞，柔软多汁，酸甜适口，风味浓厚，并具浓香，果心中等大小，可溶性固形物含量13.73%，品质上等。果实室温下可贮放7~10天，在冷藏条件下可贮藏60天以上。

（2）植物学特征　树冠阔圆锥形，树姿半开张；主干光滑，灰褐色；多年生枝黄褐色；1年生枝红褐色。叶芽圆锥形，花芽卵形。幼叶淡绿色，叶片绿色、卵圆形，叶姿平展微内卷，叶缘细锐锯齿具刺芒，叶尖渐尖，叶基圆形。每花序6.25朵花，花冠白色，花瓣5瓣、圆形，花药粉红色。

（3）生物学特性　树势中庸；5年生树高1.6米，新梢平均长32.3厘米；萌芽率高达83.3%，发枝力中等；以短果枝结果为主，各类果枝比例为：长果枝9%、中果枝10%、短果枝78%、腋花芽3%。果台连续结果能力高，花序坐果率高达82%；自然授粉条件下每花序平均坐果个数中等（1.5个）；采前落果很轻。具早果高产特性，定植后第三年即可结果，6~7年生树产量可达18~22.5吨/公顷。

在辽宁兴城3月下旬至4月上旬萌芽，4月下旬盛花，5月上旬终花，花期10天左右；6月上旬新梢停止生长，9月上中旬果实成熟，11月中旬落叶。果实发育期140天，营养生长期225天。

【适栽地区及品种适应性】　锦香填补了我国自主选育的软肉西洋梨品种的空白，在梨鲜食、加工品市场上有着良好的发展前景，是我国今后发展软肉加工梨的首选品种。适应性较广，适于在西洋梨栽培易受冻害的广大梨主产区栽培，且生长结果良好，并具较强抗寒力。对黑星病、腐烂病等具较强抗性。

【栽培技术要点及注意事项】　树体较矮化，可以适当密植，栽植行株距以4米×2米为宜。授粉品种可选用早酥、锦丰、鸭梨等。树形宜采用小冠疏散分层形或纺锤形。树姿直立，树冠较紧凑，幼树期应做好拉枝工作，以开张角度，并多留长放，促进花芽形成,增加早期产量。进入结果期后,应注意疏剪过密及细弱枝条,改善通风透光条件;必须进行疏花疏果。因果个较小,可适度缩小留果距离,以两果间距20厘米为宜。该品种不耐贮藏,必须按成熟度标准适时采收,尽量避免机械损伤。注意及时防治轮纹病及食心虫。

【供种单位】 中国农业科学院果树研究所。

三、晚熟品种

红安久

【品种来历】 美国华盛顿州发现的安久梨果皮浓红型芽变品种。

【品种特征特性】

(1)果实经济性状　果个大,平均单果重230克;果实葫芦形,果皮全面紫红色,果面平滑有光泽,果点小、中多。梗洼浅、窄,萼片宿存或残存,萼洼浅而窄,有皱褶。外观艳丽。果肉乳白色,肉质细,后熟变软,易溶于口,汁液多,酸甜适度,具浓香,可溶性固形物含量14%以上,品质极上。在山东泰安,果实9月下旬至10月上旬成熟,在室温下可贮放40天,在-1℃冷藏条件下可贮存6~7个月,在气调条件下可贮存9个月。

(2)植物学特征　树冠近纺锤形,树姿幼树直立,成年树半开张;主干光滑,深灰褐色;1年生枝紫红色;叶片红色,光滑、平展,叶尖渐尖,叶基楔形,叶缘浅钝锯齿。花粉红色。

(3)生物学特性　树势中庸;嫁接苗定植后3~4年开始结果,以短果枝结果为主,连续结果能力强。抗寒性强于巴梨。对螨类敏感。

【适栽地区及品种适应性】 适于在渤海湾、胶东半岛、黄河故道等西洋梨适栽的梨产区栽培。其适应性较强,喜肥沃砂壤土。

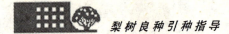

抗病力较弱,尤其易感腐烂病;而抗风、抗黑星病和锈病能力较强。

【栽培技术要点及注意事项】 应选坡地和平地建园,避免风口地和低洼地;栽植行株距平地以 4 米 × 3 米为宜,山地以 5～6 米 × 3 米为宜。授粉树可配置红考密斯、红巴梨等品种。采用纺锤形和小冠疏散分层形整形。定干高度 60～70 厘米,树高控制在 2.5 米左右。应加强夏季修剪,采用拉、撑、别、拿等人工开角技术以开张角度,缓和树势,促进成花结果。主枝过长与邻树相交时,回缩到 2～3 年生枝的花芽处;必须进行疏花疏果;每隔 10～15 厘米留 1 个果;并注意主枝基部稍密,梢部稍稀;幼果期套袋,果实成熟前 20 天左右摘袋,同时采用摘叶、转果和铺反光膜等措施促进果实着色,以提高果实外观品质。幼树有二次生长特点,秋季应控制肥水,以提高其抗寒和抗抽条能力。

【供种单位】 中国农业科学院果树研究所。

第六章 砧木良种引种

矮化中间砧——中矮1号

【砧木来历】 中国农业科学院果树研究所培育而成,1980年从锦香梨的实生后代选出。1999年通过辽宁省农作物品种审定委员会审定。在辽宁、陕西、四川等省栽培应用较多;其它省、自治区也有少量栽培应用。

【砧木特征特性】

(1)果实经济性状 果实大,平均单果重204克;果实椭圆形,底色绿黄,向阳面有红晕;果皮较厚;果梗较短,梗洼浅;萼片宿存,萼洼浅、中广;果心中大;果肉中粗,汁液较多;味甜;可溶性固形物含量13.5%,品质中上。不耐贮藏。

(2)植物学特征 树姿开张,树冠呈半圆形。树干灰褐色,表面光滑,2~3年生枝赤褐色,1年生枝暗褐色。皮孔小、稀、圆形。枝条硬,无茸毛和针刺。叶芽肥大,长圆锥形,先端钝,离生。花芽大,长圆锥形,鳞片紧,茸毛少,离生。叶片小,长8.5厘米,宽4.5厘米,深绿,有光泽,革质、厚、抱合,叶背无茸毛,叶尖为长尾尖,叶基楔形,叶缘细锯齿形,无针刺,叶柄中等,长3.1厘米,斜生。花冠小,白色,花瓣卵形单瓣,花粉少。

(3)生物学特性 树体矮化紧凑,株高只相当于乔化型对照的49.9%,矮壮参数为91.97,是典型的紧凑矮壮型。枝条萌芽率高,发枝力强;枝条剪口下平均抽生4.2个15厘米以上的长枝。2年生开始结果,以中果枝结果为主,果台副梢连续结果能力差。做接穗繁殖系数高。

在辽宁兴城4月上旬花芽萌动,4月底盛花,5月上旬终花。9

月上旬果实成熟,11月上旬落叶。果实发育期112天。

(4)有关性状表现

①嫁接亲和性　中矮1号与基砧山梨、杜梨及栽培品种嫁接亲和性良好,无大小脚现象。

②矮化特性　以山梨为基砧,中矮1号为中间砧(砧段长15厘米)嫁接树的鉴定结果表明:5年生砀山酥嫁接树树高144.8厘米,其矮化程度为乔砧对照的76%;早酥嫁接树矮化程度为74.8%。

③早果性与早期丰产性　中矮1号嫁接树的早果性强,在密植条件下,定植第二年开花株率达47.8%,最高达84.6%。第三年大量结果,每667平方米产1 097千克。第四年进入盛果期。

④果实品质　以中矮1号做中间砧嫁接的品种果实品质与基砧为乔砧的无差异。

【适栽地区及品种适应性】　适于在华北、西北和辽宁西南部等梨区应用,南方和北方寒冷梨区可引种试栽。高抗梨枝干轮纹病,抗枝干腐烂病,抗寒性强。

【栽培技术要点及注意事项】　中矮1号属半矮化砧木,做中间砧适宜株行距1~1.5米×3~3.5米的矮化集约化栽培。每667平方米栽127~222株。采用纺锤形和斜式倒"人"字形整形方式和修剪方法。矮砧密植栽培平地要求有高肥、高水条件;山地栽植须深翻改土,有水土保持设施。在生长量大的地区中间砧长25~30厘米;生长量小的地区中间砧长20~25厘米。

【供种单位】　中国农业科学院果树研究所。

附录 主要供种单位通讯地址

供种单位名称	通讯地址	邮编	联系人	联系电话
中国农业科学院果树研究所	辽宁省兴城市温泉	125100	方成泉	0429-5110533
中国农业科学院郑州果树研究所	河南省郑州市航海东路芦邢庄南	450009	李秀根	0371-66815724
黑龙江省农业科学院园艺分院	黑龙江省哈尔滨市哈平路义发源	150069	尹金凤	0451-86666452
吉林省农业科学院果树研究所	吉林省公主岭市张家街	136100	张茂君	0434-6283346
辽宁省农业科学院果树研究所	辽宁省营口市熊岳城镇	115009	李俊才	0417-7033425
河北省农林科学院石家庄果树研究所	河北省石家庄市五七路	050061	王迎涛	0311-7659930
山西省农业科学院果树研究所	山西省太谷县	030815	郭黄萍	0354-6215255
西北农林科技大学园艺学院果树研究所	陕西省杨凌	710065	冯月秀	029-88103525
湖北省农业科学院果树茶叶蚕桑研究所	湖北省武汉市江夏区金水闸	430209	秦仲麒	027-87989689
浙江省农业科学院园艺研究所	浙江省杭州市石桥路139号	310021	施泽彬	0571-86401011
浙江大学农业与生物技术学院园艺系	浙江省杭州市凯旋路268号	310029	滕元文	0571-86971803
华中农业大学园艺林学学院果树系	湖北省武汉狮子山街特1号	430070	彭抒昂	027-87284181

金盾版图书,科学实用,通俗易懂,物美价廉,欢迎选购

无公害果蔬农药选择与使用	5.00元
果树薄膜高产栽培技术	5.50元
果树壁蜂授粉新技术	6.50元
果树大棚温室栽培技术	4.50元
大棚果树病虫害防治	16.00元
果园农药使用指南	14.00元
无公害果园农药使用指南	9.50元
果树寒害与防御	5.50元
果树害虫生物防治	5.00元
果树病虫害诊断与防治原色图谱	98.00元
果树病虫害生物防治	11.00元
苹果梨山楂病虫害诊断与防治原色图谱	38.00元
中国果树病毒病原色图谱	18.00元
果树无病毒苗木繁育与栽培	14.50元
无公害果品生产技术	7.00元
果品采后处理及贮运保鲜	20.00元
果品产地贮藏保鲜技术	5.60元
干旱地区果树栽培技术	10.00元
果树嫁接新技术	4.50元
落叶果树新优品种苗木繁育技术	16.50元
苹果优质高产栽培	6.50元
苹果新品种及矮化密植技术	5.00元
苹果优质无公害生产技术	7.00元
苹果高效栽培教材	4.50元
苹果病虫害防治	10.00元
苹果病毒病防治	6.50元
苹果园病虫综合治理(第二版)	5.50元
苹果树合理整形修剪图解(修订版)	10.00元
苹果园土壤管理与节水灌溉技术	6.00元
红富士苹果高产栽培	8.50元
红富士苹果生产关键技术	6.00元
红富士苹果无公害高效栽培	15.50元
苹果无公害高效栽培	9.50元
新编苹果病虫害防治技术	13.50元
梨树高产栽培	6.00元
梨树矮化密植栽培	6.50元
梨高效栽培教材	4.50元
优质梨新品种高效栽培	8.50元

南方早熟梨优质丰产栽培	10.00元
南方梨树整形修剪图解	5.50元
梨树病虫害防治	10.00元
梨树整形修剪图解(修订版)	6.00元
日韩良种梨栽培技术	7.50元
桃高效栽培教材	5.00元
桃树优质高产栽培	9.50元
桃树丰产栽培	4.50元
优质桃新品种丰产栽培	8.00元
桃大棚早熟丰产栽培技术	7.00元
桃树保护地栽培	4.00元
油桃优质高效栽培	8.50元
桃无公害高效栽培	9.50元
桃树整形修剪图解(修订版)	4.50元
桃树病虫害防治(修订版)	7.00元
桃树良种引种指导	9.00元
桃杏李樱桃病虫害诊断与防治原色图谱	21.00元
葡萄栽培技术(第二版)	9.00元
葡萄优质高效栽培	10.00元
葡萄病虫害防治(修订版)	8.50元
葡萄病虫害诊断与防治原色图谱	18.50元
盆栽葡萄与庭院葡萄	5.50元
优质酿酒葡萄高产栽培技术	5.50元
大棚温室葡萄栽培技术	4.00元
葡萄保护地栽培	5.50元
葡萄无公害高效栽培	12.50元
葡萄良种引种指导	12.00元
葡萄高效栽培教材	4.00元
李无公害高效栽培	8.50元
李树丰产栽培	3.00元
引进优质李规范化栽培	6.50元
李树保护地栽培	3.50元
欧李栽培与开发利用	9.00元
杏无公害高效栽培	8.00元
杏树高产栽培	3.50元
杏大棚早熟丰产栽培技术	5.50元
杏树保护地栽培	4.00元
仁用杏丰产栽培技术	4.50元
鲜食杏优质丰产技术	7.50元
李树杏树良种引种指导	14.50元
银杏栽培技术	4.00元
银杏矮化速生种植技术	5.00元
李杏樱桃病虫害防治	8.00元
梨桃葡萄杏大樱桃草莓猕猴桃施肥技术	5.50元
柿树良种引种指导	7.00元
柿树栽培技术(修订版)	5.00元
柿无公害高产栽培与加工	9.00元
柿子贮藏与加工技术	5.00元
枣树良种引种指导	12.50元
枣树高产栽培新技术	6.50元
枣树优质丰产实用技术问答	8.00元
枣树病虫害防治(修订版)	5.00元
枣无公害高效栽培	10.00元

书名	价格	书名	价格
冬枣优质丰产栽培新技术	11.50元	柑橘防灾抗灾技术	7.00元
枣高效栽培教材	5.00元	宽皮柑橘良种引种指导	15.00元
枣农实践100例	5.00元	南丰蜜橘优质丰产栽培	8.00元
山楂高产栽培	3.00元	中国名柚高产栽培	6.50元
板栗栽培技术（第二版）	4.50元	沙田柚优质高产栽培	7.00元
板栗病虫害防治	8.00元	遂宁矮晚柚优质丰产栽培	9.00元
板栗无公害高效栽培	8.50元	甜橙优质高产栽培	5.00元
板栗贮藏与加工	7.00元	甜橙柚柠檬良种引种指导	16.50元
核桃高产栽培	4.50元	锦橙优质丰产栽培	6.30元
核桃病虫害防治	4.00元	脐橙优质丰产技术	14.00元
核桃贮藏与加工技术	7.00元	脐橙整形修剪图解	4.00元
美国薄壳山核桃引种及栽培技术	7.00元	椪柑优质丰产栽培技术	9.00元
苹果柿枣石榴板栗核桃山楂银杏施肥技术	5.00元	温州蜜柑优质丰产栽培技术	12.50元
柑橘熟期配套栽培技术	6.80元	橘柑橙柚施肥技术	7.50元
柑橘无公害高效栽培	13.00元	柠檬优质丰产栽培	8.00元
柑橘良种选育和繁殖技术	4.00元	香蕉无公害高效栽培	10.00元
柑橘园土肥水管理及节水灌溉	7.00元	香蕉优质高产栽培（修订版）	7.50元
柑橘丰产技术问答	12.00元	荔枝高产栽培	4.00元
柑橘整形修剪和保果技术	7.50元	荔枝无公害高效栽培	8.00元
柑橘整形修剪图解	8.00元	杧果高产栽培	5.50元
柑橘病虫害防治手册（第二次修订版）	16.50元	香蕉菠萝芒果椰子施肥技术	6.00元
柑橘采后处理技术	4.50元	菠萝无公害高效栽培	8.00元
		大果甜杨桃栽培技术	4.00元
		仙蜜果栽培与加工	4.50元
		龙眼早结丰产优质栽培	7.50元

以上图书由全国各地新华书店经销。凡向本社邮购图书者，另加10%邮挂费。书价如有变动，多退少补。邮购地址：北京太平路5号金盾出版社发行部，联系人徐玉珏，邮政编码100036，电话66886188。